26,–

Simon Moser / Alois Huning · Werte und Wertordnungen in Technik und Gesellschaft

Werte und Wertordnungen in Technik und Gesellschaft

Vorträge und Diskussionen

Herausgegeben im Auftrag des Vereins Deutscher Ingenieure
VDI-Hauptgruppe Der Ingenieur in Beruf und Gesellschaft

von Simon Moser / Alois Huning

VDI-Verlag GmbH
Verlag des Vereins Deutscher Ingenieure · Düsseldorf

Titelaufnahme für eine Schrifttumkartei

DK 001.3 : 001.5
17 : 34 : 62

Werte und Wertordnungen in Technik und Gesellschaft
Vorträge und Diskussionen

Herausgegeben im Auftrag des Vereins Deutscher Ingenieure
VDI-Hauptgruppe Der Ingenieur in Beruf und Gesellschaft
von Simon Moser und Alois Huning

Düsseldorf: VDI-Verl. 1975. VIII, 212 S., 3 Bild.

Printed in Germany

ISBN 3-18-400315-9

Vorwort

Seit fast zwei Jahren bearbeitet ein Projektausschuß im Bereich Mensch und Technik der Hauptgruppe des Vereins Deutscher Ingenieure die Frage der Wertpräferenzen in Technik und Gesellschaft.

Die Vorbereitung dieser Arbeiten wurde von einer kleinen Gruppe besorgt, die aus den Herren S. Moser (als Leiter), W. Helberg, H.H. Holz, A. Huning und G. Ropohl bestand. Zwei Sitzungen des Arbeitskreises (vgl. das Teilnehmerverzeichnis am Schluß dieser Veröffentlichung) fanden im April 1973 und im Mai 1974 in Karlsruhe statt. In Grundsatzdiskussionen wurde versucht, Rangordnungen technischer und gesellschaftlicher Werte in größeren Systemzusammenhängen zu verorten und den Ursprüngen und Grundlagen wertorientierten Verhaltens nachzugehen.

In einem zweiten Schritt wurden Moralphilosophie und -theologie, Rechtsphilosophie und Wissenschaftstheorie nach Begründungen und Inhalten von Wertordnungen und faktischen Wertungen befragt. Dabei wurde deutlich, auf welch schwankend unsicherem Boden vielfach unsere Entscheidungen ruhen, die zwar oft nur Mittel und Zwischenziele betreffen, damit aber zugleich auch die Richtung der Menschheitsentwicklung mitbestimmen können.

Vorträge und Diskussionen dieser Arbeitssitzungen werden in diesem Band der Öffentlichkeit vorgelegt. Sie sollen zugleich die Grundlage bilden für die weitere Erörterung dieser Probleme auf einer Tagung, die in Düsseldorf am 20. Februar 1975 stattfindet; sie soll versuchen, Grundsätzliches zur Zielplanung und Entscheidungsfindung beizutragen, zugleich aber auch das angebotene Instrumentarium zur Steuerung der sozio-ökonomisch-technischen Entwicklung zu diskutieren.

Als Herausgeber danken wir den Autoren, daß sie ihre Beiträge für diesen Sammelband zur Verfügung stellen (Hinweise auf Veröffentlichungen in ähnlicher oder gleicher Fassung werden in Anmerkungen gegeben). Für die stark gekürzt wiedergegebenen Diskussionsbeiträge ist allein A. Huning verantwortlich.

Simon Moser

Düsseldorf, Februar 1975

Alois Huning

Inhalt

Systemtheorie und Techniktheorie[1)]

von G. Ropohl, Karlsruhe

0. Einleitung

Seit kurzem beginnen sich in Technik und Gesellschaft erste Ansätze zu einer neuen Grundsatzdiskussion abzuzeichnen, die sich darauf bezieht, ob wir das, was wir tun und tun können, auch tun sollen.[2)] Unter Stichwörtern wie Technologiepolitik, Systemtechnik, technische Prognostik, technology assessment, Technokratie und anderen werden Problemkomplexe entfaltet, in denen normative Akzente immer größere Beachtung finden. Entscheidung, Auswahl und Bewertung werden angesichts der Fülle des technisch Möglichen und Verfügbaren im gleichen Maße bedeutsamer, wie sie anspruchsvoller und schwieriger werden. Die rationale Durchdringung soziotechnischer Wertproblematik ist zu einem dringenden Bedürfnis geworden.

Die verschiedensten Vokabeln wurden in Umlauf gesetzt, um jene Leerstelle im theoretischen Rahmen zu bezeichnen, die angesichts der soziotechnischen Orientierungskrise der Gegenwart offenkundig geworden ist: Wertsysteme, Zielsysteme, Entscheidungs-kriterien, Führungsgrößen, Präferenzordnungen und ähnliche Ausdrücke sind nachgerade zu Beschwörungsformeln geworden, deren mangelnde Präzision und Begriffsschärfe man durch rituelle Wiederholungen zu kaschieren versucht. Die Forderung nach neuen Wertsystemen hat Konjunktur; doch bleibt die Frage offen, ob wir denn gegenwärtig keine Wertsysteme haben, oder gar zu viele.

So gilt es, die wohlfeilen Formeln mit solidem Gehalt zu füllen und nicht auf Verbalmagie, sondern auf rationale Problemlösung zu setzen. Man wird sich Gedanken darüber machen müssen, wie solche Wertsysteme aussehen sollen, wie sie überhaupt zustande kommen und wie sie zur Geltung gebracht werden könnten. Wir wollen uns im vorliegenden Zusammenhang mit Wertsystemen beschäftigen, so weit sie sich auf die technische Veränderung, die technische Entwicklung, den technischen Fortschritt beziehen, wobei wir uns darüber klar sein wollen, daß bereits die Ausdrücke Entwicklung und Fortschritt wertbehaftet sind.

Wenn wir uns mit dieser Problematik beschäftigen, so müssen wir mit einer strukturierenden Beschreibung des Gegenstandes beginnen. Interdependenzen zwischen gesellschaftlichen Wertsystemen und der technischen Entwicklung werden wir erst dann identifizieren können, wenn uns die Komplexität dieses Veränderungsprozesses transparent geworden ist, wenn wir das dynamische Beziehungsgeflecht zwischen Technik und Gesellschaft in einem kohärenten Beschreibungsrahmen erfaßt haben.

Diese deskriptiven Voraussetzungen zu schaffen, scheint die Systemtheorie und insbesondere die Theorie soziotechnischer Systeme ein geeignetes Werkzeug zu sein. Zunächst soll ganz kurz das Grundgerüst einer allgemeinen Systemtheorie, im wesentlichen die Aspekte des Systembegriffs, skizziert werden. Dann wollen wir zwei Anwendungen dieses allgemeinen Systemmodells vorführen, die uns eine Beschreibung technischer Systeme und eine Beschreibung soziotechnischer Systeme liefern werden. Dann werden wir zu zeigen versuchen, daß man innerhalb solcher Modellbildungen das Phänomen der technischen Entwicklung sehr viel präziser erfassen kann. Abschließend wollen wir die Wertproblematik selbst noch einmal aufgreifen und versuchen, einige Konsequenzen aufzuzeigen.

1. Systemtheorie

Der Systembegriff der allgemeinen Systemtheorie ist eine Modellvorstellung, in seiner Abstraktheit möglicherweise der Modellbegriff schlechthin. Jede beliebige Gegebenheit nämlich, jeder Gegenstand des Denkens oder der Anschauung, kann als System dargestellt werden, und es sieht so aus, als wenn jegliche wissenschaftliche Modellkonstruktion mit systemtheoretischen Begriffen zu rekonstruieren und zu reformulieren wäre. Indem wir einen Gegenstand als System bezeichnen, sagen wir über sein Wesen zunächst noch garnichts aus. Wir tun nichts weiter, als eine Modellvorstellung an diesen Gegenstand heranzutragen.

Bild 1 veranschaulicht die Bestandteile dieser Modellvorstellung.[3)] Wir grenzen den betrachteten Gegenstand, den wir als System S bezeichnen, von einer Umgebung ab. Diese Abgrenzung richtet sich nach der Betrachtungsperspektive, bedeutet aber keineswegs, daß die Umgebung für die weitere Systemanalyse irrelevant wäre. Dieses System ist nun zu kennzeichnen durch

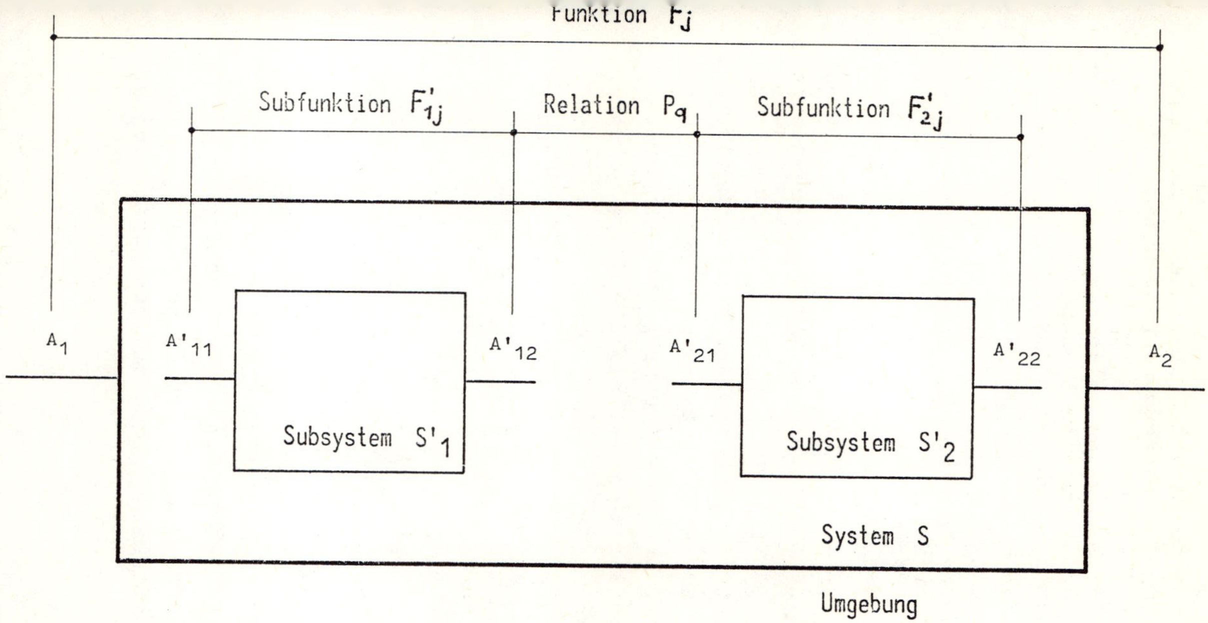

Bild 1. Funktion und Relation in der allgemeinen Systemtheorie (schematische Darstellung).
A_{ki} Attribute

a) eine Menge von Subsystemen, die durch die Systemgrenzen von der Umgebung geschieden sind;

b) eine Menge von Relationen, die zwischen den Subsystemen bestehen und die Struktur des Systems bilden;

c) eine Menge von Attributen; und

d) eine Menge von Funktionen, welche die Werte bestimmter Attribute einander zuordnen.

Diese Bestimmungsstücke des Systembegriffs kann man zu einer mengentheoretischen Definition zusammenfassen, die gleicherweise den strukturalen, den funktionalen und den hierarchischen Systemaspekt berücksichtigt. Am geläufigsten ist der strukturale Systemaspekt, der darauf abhebt, daß ein System als Ganzes mehr ist als die Menge seiner Bestandteile, indem die Existenz und die Beschaffenheit der Verknüpfungen zwischen den Teilen die Qualität des Systems maßgeblich mitbestimmen. Unter funktionalem Aspekt stellt das System einen "schwarzen Kasten", eine "black box" dar, die durch gewisse Zusammenhänge zwischen ihren äußeren Eigenschaften bzw. Attributen, insbesondere zwischen Eingangs- und Ausgangsgrößen, gekennzeichnet ist. Der hierarchische Aspekt schließlich bezieht sich auf die Tatsache, daß die Teile eines Systems wiederum als Systeme und das System selbst seinerseits als Teil eines umfassenderen Systems anzusehen sind; aus diesem Grunde haben wir die Teile des Systems sogleich als Subsysteme bezeichnet. Fassen wir zusammen, so erweist sich das System als eine Ganzheit, die auf einer bestimmten Basis von ihrer Umgebung abgegrenzt wird, die Beziehungen zwischen bestimmten Attributen aufweist, und die aus miteinander verknüpften Teilen besteht. Dabei legen wir Wert auf die Feststellung, daß dieser formale Systembegriff frei von jeder inhaltlichen Präjudizierung ist. Wenn in manchen interpretierten Systemtheorien Eigenschaften wie Selbsterhaltung, Stabilität, Konformität und andere als kennzeichnende Systemmerkmale akzentuiert werden, dann engt man unseres Erachtens die Leistungsfähigkeit des formalen Systemmodells in unzulässiger Weise ein. Es ist nicht verwunderlich, wenn das zu Fehlinterpretationen führt,[4] welche die Systemtheorie mancherorts in Mißkredit gebracht haben.

2. Theorie technischer Systeme

Wenn wir uns mit dem Phänomen der technischen Entwicklung beschäftigen, dann ist es zweckmäßig, zunächst die dinglich erfahrbaren Manifestationen dieser technischen

Entwicklung ins Auge zu fassen; das aber sind die technischen Hervorbringungen selbst, die Maschinen, Anlagen, Aggregate, Apparate und Geräte. Analysen zur technischen Entwicklung setzen voraus, daß wir uns angesichts der Mannigfaltigkeit und Vielfalt technischer Hervorbringungen einen ordnungsstiftenden Überblick über diese Sachen der Technik verschaffen.

Indem wir die Modellvorstellungen der Systemtheorie auf die technischen Artefakte anwenden, gelangen wir zu dem Begriff des technischen Systems bzw. des Sachsystems. Bild 2 zeigt ein black-box-Modell eines dynamischen technischen Systems. Die Umgebung des technischen Systems wird von hier nicht näher spezifizierbaren natürlichen, technischen und sozialen Gegebenheiten gebildet. Konzentrieren wir uns zunächst auf den funktionalen Aspekt technischer Systeme, so können wir verschiedene Klassen und Kategorien von Attributen ausmachen. Input-Attribute sind Gegebenheiten, die dem technischen System aus der Umgebung zugeführt werden, Output-Attribute solche, die das System an die Umgebung abgibt; Zustandsattribute schließlich kennzeichnen die jeweilige Verfassung des Systems selbst. Inputs, Outputs und Zustände können wir

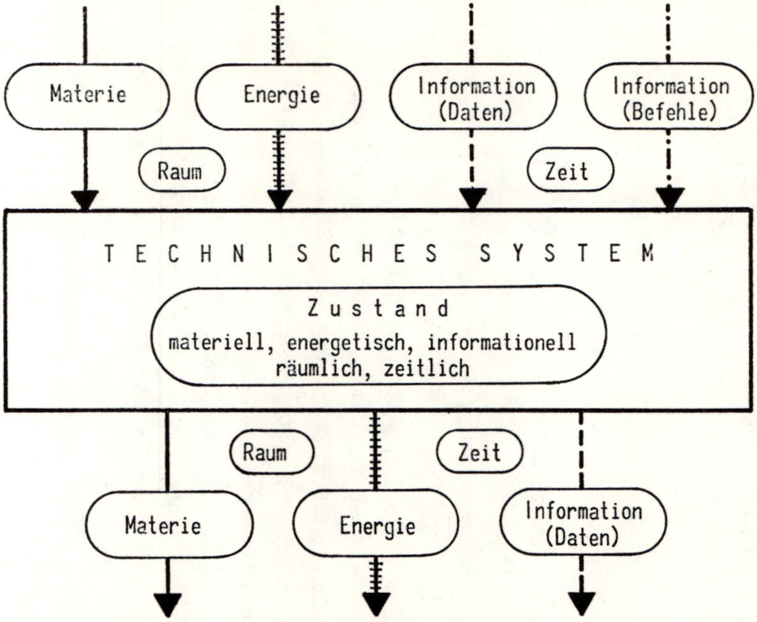

Bild 2. Blockbild eines dynamischen technischen Systems.

den Kategorien Materie bzw. Stoff, Energie, Information, Raum und Zeit zuordnen. Je nachdem, welche dieser Kategorien überwiegen, können wir materielle, energetische und informationelle Systeme unterscheiden und haben damit bereits eine erste, auch in der Praxis geläufige Einteilung technischer Sachgebiete gewonnen.

Funktionen technischer Systeme bestehen darin, Inputs der Kategorien Materie, Energie und Information in Abhängigkeit von Raum und Zeit in Zustände bzw. Outputs der Kategorien Materie, Energie und Information zu transformieren. Dabei kann man die Funktionsklassen der Wandlung, des Transportes, der Speicherung und der Zustandsveränderung unterscheiden. Von Wandlung, Verarbeitung oder auch Produktion im engeren, technischen Sinne sprechen wir, wenn die Outputs des Systems von den Inputs verschieden sind. Beispiele wären verfahrenstechnische Anlagen oder Werkzeugmaschinen bei den materiellen Systemen, Elektromotoren oder Dampfturbinen bei den energetischen Systemen und Datenverarbeitungsanlagen bei den informationellen Systemen. Bleiben dagegen die Outputs gegenüber den Inputs unverändert und unterscheiden sich lediglich die entsprechenden Raum- und Zeitkoordinaten, so liegen Transportsysteme vor. Förder- und Verkehrstechnik beschäftigen sich mit Systemen des Stofftransportes; aber auch Energieübertragungs- und Informationsübertragungssysteme gibt es in großer Zahl. Gewissermaßen als Sonderfall der Transportsysteme können wir die Speichersysteme ansehen, in denen Stoff, Energie oder Information ohne Ortsveränderung über eine gewisse Zeitspanne unverändert erhalten bleiben; hier ändert sich zwischen Input und Output lediglich die Zeitkoordinate. Materialläger, elektrische Batterien und Magnetbänder seien als Beispiele für die verschiedenen Attributkategorien genannt. Schließlich ist noch eine Klasse technischer Systeme zu erwähnen, bei denen es nicht um die Überführung von Inputs in Outputs, sondern um die gezielte Veränderung oder Aufrechterhaltung eines bestimmten Systemzustandes geht.

Das skizzierte Klassifikationsschema betrifft den funktionalen Aspekt technischer Systeme. In entsprechender Weise läßt sich jedoch auch deren Struktur durch materielle, energetische und informationelle Kopplungen sowie durch raum-zeitliche Relationen zwischen Subsystemen des technischen Systems kennzeichnen. Hier sei an die typische Struktur des Regelkreises erinnert, der nicht informationelle und informationelle Subsysteme miteinander verknüpft.

Mit diesen wenigen Bemerkungen sollte die theoretische Basis skizziert werden, auf der eine umfassende Systematik aller denkbaren technischen Systeme aufzubauen ist, und die es gestattet, die Totalität aller möglichen technischen Artefakte in genereller Form zu beschreiben und klassifizieren.

3. Soziotechnische Systeme

Im letzten Abschnitt haben wir uns mit den Sachsystemen selbst beschäftigt. Wir müssen uns jedoch weiter fragen, woher diese Sachsysteme stammen und was mit ihnen geschieht. Herstellung und Verwendung technischer Systeme aber sind menschliche Aktivitäten, die in gesellschaftliche Beziehungen und Verhältnisse eingebettet sind. Darum reicht es für eine Analyse technischer Probleme nicht aus, sich auf eine naturwissenschaftlich-technologische Beschreibungsweise zu beschränken, wie das im letzten Abschnitt geschah. Vielmehr ist es erforderlich, die soziale Dimension der

Sachsysteme ausdrücklich mit zu berücksichtigen.[5]

Darum wollen wir unser Systemmodell, das wir anfänglich nur auf die technischen Artefakte selbst angewandt hatten, nun auf soziotechnische Gegebenheiten erweitern und den Begriff des soziotechnischen Systems einführen. Von einem soziotechnischen System wollen wir sprechen, wenn das vorher skizzierte Systemmodell auf komplexe Erfahrungsobjekte angewandt wird, bei denen Menschen und technische Gebilde aggregiert sind. Wenn unsere Gegenwart als technisches Zeitalter apostrophiert, wenn unsere Kultur eine technische genannt wird, so akzentuieren derartige Formulierungen den Umstand, daß sich menschliche Existenz kaum noch außerhalb soziotechnischer Systeme abzuspielen vermag.

Wir fassen soziotechnische Systeme als zielorientierte Handlungssysteme auf. Ein soziotechnisches System ist eine abgrenzbare Anordnung innerhalb des übergeordneten Systems der industrialisierten Gesellschaft, zum Beispiel ein privater Haushalt, ein Industriebetrieb, eine Verwaltungsbehörde, ein Forschungs- oder Entwicklungslabor oder ähnliches. Die Umgebung solcher Systeme umfaßt neben natürlichen Gegebenheiten weitere soziotechnische Systeme, mit denen sie in Wechselwirkung stehen.

Auch soziotechnische Systeme haben ihre Input-, Output- und Zustandsattribute, die teils unter naturwissenschaftlich-technologische Kategorien, teils unter soziale Kategorien fallen, die beispielsweise unter Zuhilfenahme soziologischer Systemtheorie,[6] noch zu präzisieren sein werden. Es besteht Grund zu der Hoffnung, daß die Kategorie der Information sich als Bindeglied zwischen technologischen und soziologi schen Kategorien erweisen wird. Unter den Funktionen eines soziotechnischen Systems unterscheiden wir wiederum Input-Output- und Input-Zustands-Transformationen. Input-Output-Transformationen stellen Veränderungen der Umweltsituation dar, die man, in anthropologisch-sozialphilosophischer Terminologie, als Handeln oder Arbeit bezeichnen kann. Input-Zustands-Transformationen - wobei Inputs durchaus rückgekoppelte Outputs sein können - erweisen sich demgegenüber als extern oder intern induzierte Systemveränderungen. Auf diesen letztgenannten Funktionstyp möchten wir besonders hinweisen, weil er in vielen Systemtheorien in dieser Form nicht auftaucht.

Wie Bild 3 in schematischer Darstellung erkennen läßt, unterscheiden wir bei der Strukturanalyse eines soziotechnischen Systems drei Arten von Subsystemen. Das Realisierungssystem bringt, indem es Arbeit im engeren Sinne leistet, Sachsysteme hervor und wirkt auf die natürlichen und künstlichen Gegebenheiten der Systemumgebung unmittelbar ein; es verarbeitet zu diesem Zweck stoffliche und energetische Inputs und ist somit die Instanz der eigentlichen Umweltveränderung. Unter hierarchischem Aspekt setzt sich das Realisierungssystem seinerseits wiederum aus Sub-Subsystemen zusammen, in denen etwa gewisse Teilfunktionen eines Arbeitsvorganges anzusiedeln wären.[7)] Auch das Informationssystem läßt sich weiter untergliedern: Rezeptorsysteme dienen der Informationsgewinnung innerhalb und außerhalb des Gesamtsystems. Informationsverarbeitungssysteme bereiten die gewonnenen Daten auf, bilden interne Modelle der Außenwelt und werten sie unter Berücksichtigung der Zielvorgaben für Entscheidungen aus. Informationsspeichersysteme nehmen gewonnene und aufbereitete Information auf und halten sie auf Abruf verfügbar. Kommunikationssysteme sorgen für den Austausch von Information innerhalb und außerhalb des soziotechnischen Systems. Und

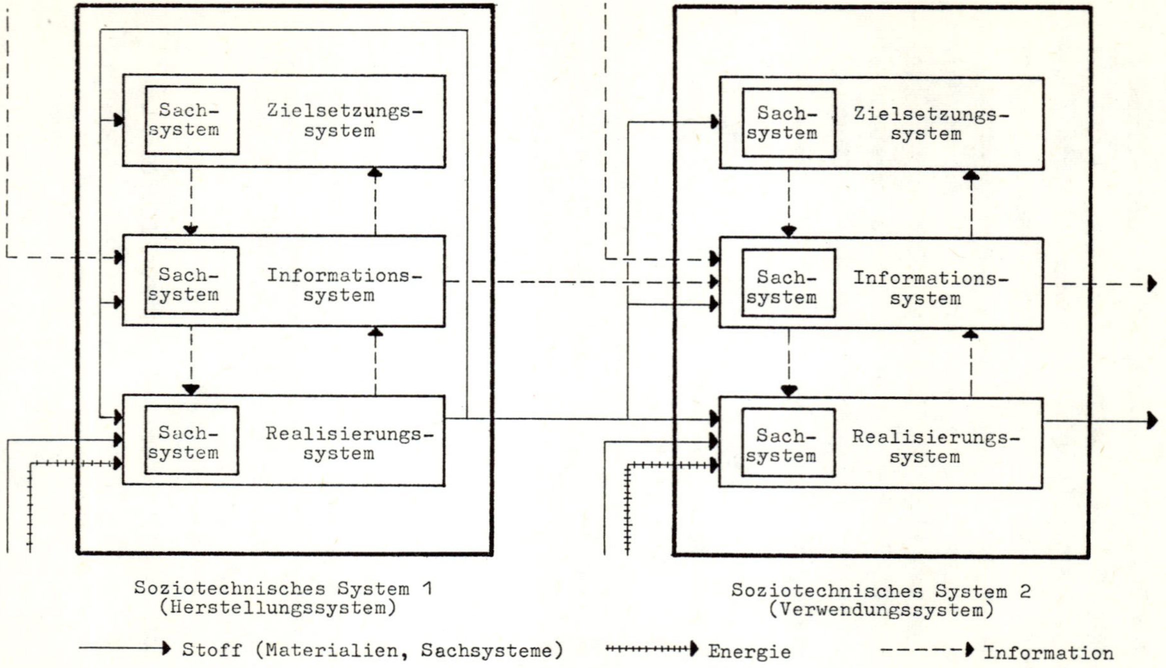

Bild 3. Schematische Darstellung soziotechnischer Systeme.

Steuerungssysteme generieren Befehle aufgrund der Entscheidungen des Informationsverarbeitungssystems und leiten diese zu den Effektorsystemen des Realisierungssystems. Das Zielsetzungssystem schließlich leistet die Transformation von Motivationen, Strebungen, Bedürfnissen und Interessen in entscheidungs- und handlungsrelevante Maximen und Postulate, mit anderen Worten, die Definition von Normen und Zielen. Die zahlreichen strukturellen Verknüpfungen, die zwischen diesen drei Subsystemen und ihren verschiedenen Sub-Subsystemen angenommen werden müssen, konnten in Bild 3 der Übersichtlichkeit wegen nicht vollständig aufgeführt werden. Immerhin läßt sich der Regelkreis erkennen, der den Output des Realisierungssystems den Führungsgrößen des Zielsetzungssystems anzupassen hat; ferner ist angedeutet, daß auch zwischen Zielsetzungs- und Informationssystem Wechselwirkungen bestehen, indem beispielsweise Zielfindungsprozesse von der Information über verfügbare Zielerfüllungsalternativen abhängen.

Wenn wir diese Modellskizze empirisch interpretieren wollen, wenn wir also angeben wollen, welche Menschen und welche Sachen den einzelnen Subsystemen zugeordnet sind, so müssen wir vor einer leichtfertigen Hypostasierung des theoretischen Modells warnen. Zwar könnte man etwa bei der Beschreibung eines Industriebetriebes das Zielsetzungssystem mit den leitenden Direktoren und das Realisierungssystem mit den exekutiv tätigen Arbeitern besetzen. Dennoch darf das Modell nicht dahingehend mißverstanden werden, als könne es eine theoretische Rechtfertigung für eine wie auch immer geartete "personale Trennung von Entscheidung und Ausführung"[8] liefern. Vielmehr kann das Modell auch so interpretiert werden, daß bestimmte Personen gleichzeitig oder nacheinander mehrere Funktionen innerhalb des Systems übernehmen; besteht im Grenzfall ein soziotechnisches System aus nur einem Menschen und einem Sachsystem, so sind sowieso alle Funktionen, die nicht vom technischen System wahrgenommen werden können, in diesem Menschen vereint. Die modelltheoretische Systemanalyse präjudiziert also in keiner Weise bestimmte Formen konkreter Systemsynthese; vielmehr "sollen alle Möglichkeiten synthetischer Strukturierung offengehalten werden",[9] damit das Modell alle denkbaren Strukturtypen soziotechnischer Systeme abzudecken vermag.

Sachsysteme kommen definitionsgemäß

prinzipiell in jedem der drei soziotechnischen Subsysteme vor; freilich finden sie sich vor allem im Realisierungssystem und, seit der Entwicklung der Informationstechnik, im Informationssystem. Bild 3 verdeutlicht, daß Sachsysteme gleichzeitig Resultate eines Herstellungsprozesses und Objekte eines Verwendungsprozesses darstellen; gehen sie wiederum in einen Herstellungsprozeß ein, so zeigt sich ihr Doppelcharakter als Produkt und als Produktionsmittel.[10] Je nach dem vorherrschenden Aspekt kann man somit unter den soziotechnischen Systemen Herstellungs- bzw. Produktionssysteme und Verwendungs- bzw. Konsumtionssysteme unterscheiden.

4. Technische Entwicklung

Nachdem wir ein Systemmodell der technischen Artefakte und ein Systemmodell soziotechnischer Instanzen vorgeführt haben, die, da mit den gleichen theoretischen Begriffen formuliert, miteinander kompatibel sind, wollen wir nun noch einige kurze Bemerkungen zu der Frage anschließen, wie die technische Entwicklung in diesem Beschreibungsraster dargestellt werden kann. Nach den bisherigen Überlegungen liegt es nahe, die technische Entwicklung als

Strukturveränderung soziotechnischer Systeme zu verstehen, die dann allerdings auch das funktionale Verhalten dieser Systeme beeinflußt. Zunächst aber besteht die technische Entwicklung ganz vordergründig in einer quantitativen Vermehrung der Sachsysteme, der technischen Subsysteme also, in soziotechnischen Systemen: mit fortschreitender technischer Entwicklung wächst die Zahl der Sachsysteme. Offensichtlich sind schon von dieser quantitativen Vermehrung nicht alle Typen soziotechnischer Systeme gleichzeitig im gleichem Maße betroffen. Bekanntlich ist die Technisierung im Industriebetrieb am weitesten fortgeschritten, wobei sie in der Produktionssphäre ihren Ausgang nahm, im Realisierungssystem also, und erst seit einigen Jahren auch die Informations- und Verwaltungssphäre erreicht hat. In Bildungsinstitutionen dagegen, in Schule und Hochschule, steht die Technisierung noch bevor; diese sozialen Systeme sind, von gewissen sekundären Merkmalen abgesehen, erst auf dem Wege, soziotechnische Systeme zu werden. Vordergründige Kennzeichen der technischen Entwicklung sind also einmal der Zuwachs an Sachsystemen und zum anderen die Art der soziotechnischen Systeme, in welche diese Sachsysteme eingebracht werden.

Dieses Eindringen von Sachsystemen in soziale Systeme hat entweder substitutiven oder konstitutiven Charakter. Von Substitution wollen wir sprechen, wenn bereits existierende Funktionen von personalen und sozialen Funktionsträgern auf Sachsysteme übergehen; hierzu zählt ein großer Teil der Automatisierungsphänomene. Dagegen besteht der konstitutive Aspekt der technischen Entwicklung darin, daß mit Sachsystemen Funktionen auftreten, die von Menschen prinzipiell nicht zu bewältigen wären. Flugtechnik, Kommunikationstechnik, Kältetechnik und vieles andere sind Beispiele für technische Leistungen, die völlig neuartige Formen der Weltbewältigung und Naturbeherrschung konstituiert haben. In beiden Fällen jedoch, bei substitutiver ebenso wie bei konstitutiver technischer Entwicklung, placieren sich die Sachsysteme als Subsysteme in sozialen Systemen und werden damit zum Bezugspunkt neuer Relationen im nunmehr soziotechnischen System. Genau das ist gemeint, wenn wir anfangs die technische Entwicklung als Strukturveränderung soziotechnischer Systeme gekennzeichnet haben. Ein weiterer Aspekt der technischen Entwicklung schließlich ist in qualitativen Verbesserungen der Art der Funktionserfüllung zu erblicken.

Galten unsere bisherigen Kennzeichnungen den Phänomenen der technischen Entwicklung, und orientierten sie sich vorwiegend an der Verwendung technischer Artefakte, so müssen wir nun natürlich die technische Entwicklung auch in ihrer Entstehung untersuchen. Eine erste Hilfe hierfür bieten die bekannten Phaseneinteilungen etwa in Invention, Innovation und Diffusion.[11)] Weiter dürften wir jedoch kommen, wenn wir logisch-funktionale Prozeßschritte unterscheiden, wie wir sie anhand des soziotechnischen Systemmodells von Bild 3 identifizieren können. Die Sachsysteme als manifeste Resultate der technischen Entwicklung sind Outputs der Realisierungssysteme. Bevor ein soziotechnischer Realisierungsprozeß in Gang kommt, sind jedoch Informations- und Entscheidungsprozesse notwendig.[12)] Dabei kommt den Informationsgewinnungsprozessen in Forschung und Entwicklung eine besondere Bedeutung zu,[13)] da sie das Feld möglicher soziotechnischer Handlungsalternativen erschließen. Die Entscheidung darüber, was und wie es realisiert wird, bemißt sich an den Outputs des Zielsetzungssystems. Wenn wir bereits vorher auf die Wechselwirkungen zwischen Zielsetzungssystem und Informationssystem hingewiesen haben, so spiegelt sich das auch in zwei prinzipiell voneinander unterscheidbaren Mechanismen der technischen Veränderung. Im einen Fall wird die technische Entwicklung, das heißt bereits die Informationsgewinnung, vom Zielsetzungssystem aufgrund mehr oder minder explizierter Bedürfnisse induziert; im anderen Fall dagegen kommen die Impulse von den Potentialen technischer Möglichkeiten und erzeugen unter Umständen sogar neue Ziele und Bedürfnisse. "Nachfrageinduktion" und "Angebotsinduktion" tragen beide ihr Teil zur technischen Entwicklung bei.[14)]

Mit diesen Überlegungen haben wir einen groben Rahmen gewonnen, in dem detailliertere Untersuchungen zur Wertproblematik in Technik und Gesellschaft anzusetzen wären. Im Mittelpunkt solcher Untersuchungen hätten das Zielsetzungssystem und seine Relationen zu anderen Subsystemen des einzelnen soziotechnischen Systems sowie zu anderen soziotechnischen Systemen zu stehen.

5. Schlußbemerkungen

Abschließend wollen wir die Frage noch einmal aufgreifen, die wir bereits in der Einleitung gestellt haben: Was meinen wir eigentlich damit, wenn wir von Werten, Präferenzen, Zielen und dergleichen sprechen? Eine operationale Antwort auf diese Frage wird, scheint mir, noch beträchtliche begriffliche und theoretische Arbeit erfordern.

Wenn wir vorab eine vorläufige Antwort aufgrund unseres Systemmodells geben wollen, so beziehen sich alle diese Ausdrücke, ungeachtet ihrer begrifflichen Vieldeutigkeiten, auf informationelle Outputs des Zielsetzungssystems, die geeignet sind, zwischen verschiedenen Realisierungsmöglichkeiten eine Auswahl zu treffen. Nehmen wir an, daß diese Outputs als normative Sätze formulierbar sind, so können wir sie zu einem, nunmehr abstrakten System zusammenfassen, das wir als Zielsystem bezeichnen wollen.[15)] Die Elemente und die Struktur derartiger Zielsysteme also gilt es zu präzisieren.

Für die weitere Arbeit in dieser Projektgruppe sehen wir zwei Aufgaben: Einerseits sind existierende Zielsysteme, die heutigen soziotechnischen Entscheidungen zugrunde liegen, zu explizieren; denn tagtäglich werden ja solche Entscheidungen getroffen, und es müßte möglich sein, aufgrund dieser

Entscheidungen diejenigen Zielsysteme zu rekonstruieren, die ihnen implizit zugrundeliegen. Die andere Aufgabe besteht darin, angemessene und geeignete Zielsysteme zu konstruieren und zur Diskussion zu stellen. Natürlich sind diese beiden Aufgaben keine echten Alternativen, sondern überschneiden sich wechselseitig.

Wie immer wir vorgehen werden: Auf keinen Fall können wir Zielsysteme mit dezisionistischer Willkür formulieren. Vielmehr sind Grenzen zu beachten, so zum Beispiel

a) die natürlichen Bedürfnisse der Menschen, was immer im einzelnen das sei;

b) geltende Grundüberzeugungen der Gesellschaft und ihrer Gruppen;

c) die Macht der "vested interests"; und schließlich

d) die Realisierbarkeit.

Natürlich sind alle diese Einschränkungen zeitabhängigen Veränderungen unterlegen. Selbst die letztgenannte Grenze, auch als das Prinzip des "ought implies can" bekannt,[16] verschiebt sich mit wachsendem Potential des Machbaren; die systemhaften Wechselwirkungen zwischen Sollen und Können zu präzisieren und Entwicklungsperspektiven herauszuarbeiten, wird zu unseren künftigen Aufgaben gehören. Immerhin folgern wir aus diesem Prinzip, daß veränderte Lagen neue Zielsysteme möglich oder gar notwendig machen. Unsere weitere Arbeit wird zu klären haben, in welchem Maße das auch für jene soziotechnische Situation gilt, in die uns die technische Entwicklung versetzt hat.

Anmerkungen

1) Zur Begründung und zur Programmatik einer Systemtheorie der Technik vgl. Ropohl, G.: Prolegomena zu einem neuen Entwurf der allgemeinen Technologie. In: Hübner, K. u. A. Menne (Hrsg.): Natur und Geschichte. X.Deutscher Kongreß für Philosophie. Hamburg 1973, S. 217-226. Eine erweiterte Fassung dieses Beitrages, aus der verschiedene Passagen in den vorliegenden Text übernommen wurden, ist erschienen in: Lenk, H. u. S. Moser (Hrsg.): Techne - Technik - Technologie. Uni-Taschenbücher Nr. 289, Pullach b. München 1973, S. 152 - 172; der Verfasser ist dem Verlag Dokumentation für die Nachdruckgenehmigung zu Dank verpflichtet.

2) Vgl. den Überblick bei Lenk, H.: Zu neueren Ansätzen der Technikphilosophie. In: Lenk/Moser, Techne - Technik - Technologie, a.a.O., 198-231, insbes. S. 228 ff

3) Vgl. hierzu im einzelnen Ropohl, G.: Einführung in die allgemeine Systemtheorie. Vor Drucklegung; ferner derselbe: Einleitung in die Systemtechnik. In: Derselbe (Hrsg.): Systemtechnik - Grundlagen und Anwendung. München 1974, S. 1 - 77, insbesonders S. 25 ff.

4) z.B. Habermas, J. u. N. Luhmann: Theorie der Gesellschaft oder Sozialtechnologie - Was leistet die Systemforschung? Frankfurt 1971

5) Die Reihenfolge, in der hier der im engeren Sinne technologische und der gesellschaftswissenschaftliche Aspekt

eingeführt werden, impliziert nicht - wie H.H. Holz zu Unrecht unterstellt - den Versuch, für die Technologie eine Priorität gegenüber gesellschaftswissenschaftlichen Ansätzen reklamieren zu wollen. Aber auch ein interdisziplinäres Systemdenken, das von der Gleichrangigkeit heterogener Ansätze ausgeht, kann seine verschiedenen Perspektiven nur nacheinander artikulieren. Vgl. Holz, H.H.: Technik und gesellschaftliche Wertordnung. Blätter für Deutsche und Internationale Politik 19 (1974) 2, S. 175-188, insbes. S. 179

6) Narr. W.-D.: Theoriebegriffe und Systemtheorie. 2.Aufl., Stuttgart 1971; Naschold, F.: Systemsteuerung. Stuttgart 1969; Tjaden, K.H. (Hrsg.): Soziale Systeme. Neuwied/Berlin 1971; Prewo, R., J. Ritsert u. E. Stracke: Systemtheoretische Ansätze in der Soziologie. Reinbek b. Hamburg 1973; Greven, M. Th.: Systemtheorie und Gesellschaftsanalyse. Darmstadt/Neuwied 1974

7) Ropohl, G.: Flexible Fertigungssysteme. Mainz 1971, S. 140 ff

8) Kosiol, E.: Organisation der Unternehmung. Wiesbaden 1962, S. 53

9) Kosiol, a.a.O., S. 32

10) Marx, K.: Das Kapital. Bd. 1 (= MEW Bd. 23), Frankfurt 1972, S. 196 ff

11) Vgl. etwa Shapero, A.: Results, Problems and Prospects in Innovation Research. In: Systemtechnik und Innovationsforschung. Pullach b. München 1974, S. 49-63

12) Ropohl, G.: Systemtechnische Ansätze bei der Anwendung der morph logischen Methode in der technischen Prognostik. In: Blohm, H. u. K. Steinbuch (Hrsg.): Technische Prognosen in der Praxis. Düsseldorf 1972, S. 29-39, insbes.a. Bild 1

13) Pfeiffer, W.: Allgemeine Theorie der technischen Entwicklung. Göttingen 1971

14) Pfeiffer spricht in diesem Zusammenhang von "Bedarfs-Induktion" und "autonomer Induktion"; vgl. Pfeiffer, a.a.O., S. 94 ff

15) Näheres hierzu bei Ropohl, Einleitung in die Systemtechnik, a.a.O.

16) Albert, H.: Traktat über kritische Vernunft. Tübingen 1968, S. 76

Diskussion

Zunächst wurden Bedenken vorgebracht gegen die Kennzeichnung der technischen Entwicklung durch Zunahme der Sachsysteme (Pfeiffer). Ropohl erklärt nachdrücklich, er habe mit dieser deskriptiven Kennzeichnung in keiner Weie normative Aussagen als Bewertung der quantitativen Zunahme von Sachsystemen verbinden wollen.

Auf die Frage, wo die Entscheidungsprozesse aufgrund von Zielen und Werten anzusetzen seien (Bossel), weist der Referent diese dem Informationssystem zu. Von Kortzfleisch legt dar, daß allen Bereichen der Zielsetzung, der Information und der Realisation Wertsysteme entsprechen, die hierarchisch geordnet sind und in funktionellen Beziehungen zueinander stehen, die sich dynamisch mit Zeit und Ort verändern. Ropohl betont dazu, daß das Zielsetzungssystem die Instanz ist, in der Wertsysteme und damit Führungsgrößen generiert werden, während das Informationssystem als Regler und das Realisierungssystem als Strecke des Regelmodells aufzufassen seien. Man dürfe jedoch nicht die zahlreichen Relationen und Rückkopplungen zwischen den Subsystemen übersehen.

Rapp und Pfeiffer versuchen den Unterschied deutlich zu machen zwischen rein technischen Abläufen und Systemen, in die der Mensch einbezogen wird. Bei Ausweitung des Systemmodells auf die Gesellschaft lassen sich nur mehr bedingte Prognosen machen. Das Handeln ist nicht mit Notwendigkeit aus Ziel- und Wertvorstellungen abzuleiten, wie auch aus tatsächlichen Entscheidungen nicht zwingend auf Ziel- und Wertpräferenzen zu schließen ist.

Eine Diskussion über den nominalistischen oder realistischen Sinn des Systembegriffs (Holz, Moser) scheint Ropohl für das zur Diskussion stehende Problem nicht entscheidend zu sein, da ein abstrakter Systembegriff nur in der Modellebene existiere, jedoch empirischer Interpretation bedürfe, sobald er Anwendung finden solle. Holz und Niederwemmer wiesen in diesem Zusammenhang auf das Grenzproblem hin; hier gehen Fremdwerte aus einem vorgegebenen faktischen Bereich in das System ein.

Auf den Einwand, bei einer Dreiteilung in Zielsetzungssystem, Informationssystem und Realisierungssystem sei der Entscheidungsbereich nicht ausdrücklich berücksichtigt (Zahn), entgegnet Ropohl, daß man den rationalen Entscheidungsprozeß als einen Informationsverarbeitungsprozeß auffassen könne: Wenn die Menge der entscheidungsrelevanten Maximen festliege und die Menge der Alternativen durch einen Informationsprozeß gewonnen sei, dann sei die rationale Entscheidung tatsächlich das determinierte Ergebnis eines Informationsverarbeitungsprozesses.

Niederwemmer zeigt die Schwierigkeit der Orientierung an Werten auf, die darin liegt, daß jedes Werturteil eine positive oder negative Auszeichnung eines beschriebenen Sachverhaltes durch ein Individuum sei, das seine eigenen Motive, Strebungen usw. in Maximen transformiere und Regeln zur Erreichung oder Vermeidung bestimmter Außenweltzustände aufstelle, die jedoch kooperativ im Systemzusammenhang angewandt werden müßten. Es ergebe sich die Aufgabe, individuelle Präferenzen zu allgemeinen Präferenzordnungen zu aggregieren. Moser und von Kortzfleisch machen mit Hinweis auf M. Scheler darauf aufmerksam, daß positive oder negative Bewertung nicht ausreichen. Schon für den einzelnen sei eine Rangordnung objektiv meßbarer Werte unentbehrlich, noch mehr jedoch für ein Kollektiv.

Holz, Moser, von Kortzfleisch und Ropohl diskutierten ausführlich die Problematik der Möglichkeit, Werte wertfrei und objektiv meßbar ohne versteckten Einfluß unkritisierter Werturteile anzugeben. In diesem Zusammenhang fordert Holz dazu auf, genau zwischen Werten und Wertpräferenzen zu unterscheiden. Präferenzen kommen erst bei Kollisionen zwischen Werten ins Spiel; es gibt eine Vielzahl von Werten, die ohne Präferenzsystem beliebig koordinierbar sind. Die Kernfrage sei, ob es möglich sei, bei Entscheidungsprozessen angesichts von Wertkollisionen logisch begründbare Präferenzsysteme aufgrund der sachlichen Gegebenheiten zu entwickeln. Diese Gegebenheiten dürften aber nicht zu eng gesehen werden; Kollisionen entstünden vornehmlich im Gegeneinander- und Zusammenspiel verschiedener Bereiche, etwa von Wirtschaft und Technik. Von Kortzfleisch weist auf die Verflechtungen der Technik mit ökonomischen Wertsetzungen hin, hält es aber gerade deshalb für wichtig, daß sich Ingenieure um Erkenntnis und Einbeziehung gesellschaftlicher, insbesonder ethischer Werte bemühen, um eine relative Freiheit von ökonomischen Zwängen zu gewinnen.

Hillmer und von Kortzfleisch erörterten die Möglichkeit der Entwicklung von realitätsgerechten Modellen, in denen interpretierbare Sozialindikatorenverhältnisse untersucht werden, die es ermöglichen, im Modellversuch die Dynamik von Wertveränderungen zu generieren.

Moser macht zum Schluß der Debatte darauf aufmerksam, daß bestimmte grundsätzliche Voraussetzungen und Begriffe des Referates noch nicht diskutiert sind. Man könne etwa Materie, Energie und Information nicht ohne weiteres denselben kategorialen Dimensionen zuweisen.

Technik und gesellschaftliche Wertordnung

Zum System der durch Technik vorgegebenen Präferenzen in der gesellschaftlichen Praxis

von H.H. Holz, Marburg/Lahn

1.

Ein oft gebrauchtes Argument in den Diskussionen über politische Entscheidungen beruft sich auf sogenannte "Sachzwänge", insbesondere solche, die sich aus der technischen Durchführbarkeit beziehungsweise Optimierung von Projekten ergeben. Wird zum Beispiel eine Straßentrasse gezogen, ein Brückenbau geplant, ein Flugplatz angelegt, so liefern die Bauingenieure die Sachdaten, aufgrund deren die Ausführungsbeschlüsse gefaßt werden; ihrem sachverständigen Rat sich zu beugen, erscheint vernünftig und sinnvoll. Es erhellt, daß damit das System der Zwecke, aus welchem gesellschaftliches Handeln als rationale Selbstbestimmung zu begründen wäre, durch materiale Fremdbestimmungen limitiert und modifiziert wird - und es ändert nichts daran, wenn wir abstrakt einsehen, daß diese "Sachzwänge" Fetischcharakter haben, nämlich zu Fremdbestimmungen verselbständigte Resultate unserer eigenen menschlichen Tätigkeit sind; vielmehr ließe sich der "technologische Schein" durchaus als Ergebnis eines objektiven geschichtlichen Prozesses des Menschengeschlechts im ganzen verstehen, indem die Entlastung von natürlichen Abhängigkeiten in die Herrschaft des Apparates über den Produzenten, des Instruments über den Benutzer umschlägt.[1] (Und dieser Umschlag hat dann zur Folge, daß das System der Bedürfnisse, dem die Zwecke letztlich entspringen, in einer Art Rückkopplung durch die Fetischisierung des technisch Machbaren "umfunktioniert" wird. "Die Automatisierung und Versachlichung können auch so beschrieben werden, daß das Verhalten des Menschen zur sogenannten 'Umwelt' sich gegenüber der Person verselbständigt, und zwar das Verhalten einschließlich der dazugehörigen Ideologien, Gewohnheitsmotive, Gesinnungen und Selbstinterpretationen").[2] Bürgerliche Philosophen haben daraus die Ideologie vom schicksalhaften Charakter der Technik entwickelt - möge dieser nun, wie bei Heidegger, als "Seinsgeschick", wie bei Freyer als Verselbständigung des Machen-Könnens, wie bei Marcuse als Vorprägung gesellschaftlicher Herrschaftsstruktur aufgefaßt werden.

Dieser gleichsam mythologisierenden, dämonisierenden Auffassung von Technik ist die eher positiv-wissenschaftlich klingende Definition keineswegs entgegengesetzt, die Habermas vorlegt. Er geht davon aus, daß Technik im industriellen Zeitalter mit Wissenschaft verschmolzen ist[3] und daß beide wiederum mit der ökonomischen Verwertung eine Einheit eingehen: ("Mit der Industrieforschung großen Stils wurden Wissenschaft, Technik und Verwertung zu einem System zusammengeschlossen").[4] Daraus folgt, daß als Titel für "Technik die wissenschaftlich rationalisierte Verfügung über vergegenständlichte Prozesse" gebraucht wird; "damit ist dann das System gemeint, in dem Forschung und Technik mit Ökonomie rückgekoppelt sind".[5] Wenn auch mit dieser Definition das Syndrom der industriegesellschaftlichen Produktionsweise richtig charakterisiert ist, so fehlt doch gerade die für die Produktionsverhältnisse definitive Aneignungsweise und damit der Schlüssel zum Verständnis der gesellschaftlichen Rolle der Technik. Die - positivistischem Verfahren entsprechende - deskriptive Oberflächendefinition erlaubt dann, den Schein technischer "Sachzwänge" zwar als solchen zu durchschauen,[6] weil diese eingebettet in den Komplex gesellschaftlicher Interessen kenntlich gemacht werden; aber als die Objektivation der gesellschaftlichen Gesamtarbeit bleibt Technik ein irrevozibles Schicksal der Gattung Mensch, nämlich die "Selbstverdinglichung der Menschen unter Kategorien zweckrationalen Handelns und adaptiven Verhaltens";[7] und dieses Schicksal wird von der Produktionssphäre her umso nachdrücklicher unaufhebbar, als die wissenschaftlich-technische Verfahrensweise auch auf die Manipulation der Vergesellschaftungsprozesse angewandt wird.[8] Der aus der Entfaltung der Produktivkräfte sich bestimmende und in der Veränderung der Produktionsverhältnisse sich ausdrückende Geschichtsprozeß wird nach dieser Theorie, in der Habermas an Marcuse anknüpft, des immanent forttreibenden Moments seiner eigenen Widersprüche beraubt und stillgelegt.[9] An die Stelle der Geschichte determinierenden Klassenkämpfe tritt nun bei Habermas die - wohl als anthropologische Grundkonstante zu begreifende - "Interaktion".[10] Deren Erfüllung wäre in der "Entschränkung der Kommunikation" zu sehen, die sich als "öffentliche, uneingeschränkte und herrschaftsfreie Diskussion über die Angemessenheit und Wünschbarkeit von handlungsorientierenden Grundsätzen und Normen"[11] realisieren müßte.

Eine Diskussion dieser Art könnte aber doch immer nur über die Gegenstände statthaben, die in der Erfahrung gegeben oder aus ihr durch Abstraktion gewonnen sind. Jeder andere Inhalt von Kommunikation würde in unverbindliche Beliebigkeit verfallen. Auch Antizipationen, sogar Fiktionen werden relevant durch ihre Interpretation auf Erfahrungsgehalte - zumeist solche des Gattungssubjekts, also solche einer historischen Lage. Sind es nicht die in der Kommunikation bewußt werdenden gesellschaftlichen Widersprüche innerhalb der Produktionsverhältnisse, so wird nichts das Bewußtsein über den jeweiligen Stand der Organisation gegenständlicher Arbeit, also "die Technik", hinauszuführen. Und werden vollends diese Widersprüche nicht in Interessenkämpfen der Klassen manifest, werden sie also nicht als gesellschaftliche Praxis virulent und erfahren, so hilft auch die Diskussion über handlungsorientierende Normen nicht weiter. Die Interaktion erwiese sich mithin nur dann als der Bereich und die Struktur des historischen Fortschritts, wenn sie wesentlich als Klassenkampf konstituiert würde - was die neueren, den Klassenkampf aus der Gesellschaftstheorie eliminierenden Autoren (die Marx unter dem einen oder anderen Vorwand revidieren wollen), ja gerade bestreiten. Ihnen bleibt dann in der Tat nur noch die Ohnmacht einer von der Praxis abgehobenen "kritischen Theorie", die den "technokratischen" Entscheidungsmechanismen keine Alternative entgegenzusetzen hat. Marcuses "große Weigerung", Adornos "negative Dialektik", Habermas' "Kraft der Selbstreflexion" sind Formeln politischer Hilflosigkeit.[12] In ihnen offenbart sich der unheilbare Bruch zwischen kritischer Vernunft und gegenständlicher Praxis.

2.

Nun fragt sich aber, ob der "technologische Schein", der ein Kontinuum naturwissenschaftlicher Determinanten in gesellschafts-wissenschaftliche Determination verzaubert, nicht gerade an den Stellen durchstoßen werden kann, an denen seine Widersprüchlichkeit sich also solche von Klasseninteressen erweisen läßt. Mit anderen Worten: es geht darum, den Ideologiecharakter technisch begründeter Präferenzen bei gesellschaftspolitischen Entscheidungen zu entlarven und Technologie von Ökonomie reinlich zu scheiden.

Es scheint nicht nur bei den Philosophen der Technik, sondern ebenso bei den Technikwissenschaftlern und Technikern selber eine Verwirrung zu herrschen über das, was an technischen, zum Beispiel durch Materialbeschaffenheiten oder Verfahrensweisen vorgegebenen "Sachzwängen" in gesellschaftspolitische Entscheidungen eingeht; solche "Sachzwänge" gehörten logisch zu den Voraussetzungen richtiger Entscheidungen, ontologisch zu den Bedingungen richtigen Handelns. Sie sind - soweit sie in der Tat naturgesetzliche oder materielle Determinanten ausdrücken - nicht eliminierbar, liegen also außerhalb des Freiheitsspielraumes menschlicher Entscheidungen und begrenzen diesen. Insofern die Technik das System der produktiven Beherrschung beziehungsweise Verwertung der Natur durch den Menschen ist, gehen solche naturgesetzlichen und materiellen Determinanten konstitutiv in sie ein. Anerkennt man außerdem mit Gehlen[13)], daß die Technik der "Ergänzung", der "Verstärkung" und der "Entlastung" der biologischen Ausstattung des Menschen dient, so ergeben sich aus diesen Funktionen wohl zusätzliche Prinzipien, denen technische Geräte oder Verfahren gehorchen müssen, wenn sie zweckmäßig oder "rational" sein sollen; wobei das System technischer Zwecke sich dann als ein Subsystem anthropologischer Zwecke (sei es, wie in der Mehrzahl der Fälle, gesellschaftlicher, sei es individueller) erweist.

Die anthropologischen Zwecke konstituieren sich realiter im System der Bedürfnisse und ihrer Befriedigung.[14] Das System der Bedürfnisbefriedigung ist nicht das der technischen Mittel, sondern das der ökonomischen Organisation. Die Produktivkräfte, zu denen die technischen Mittel gehören, gehen in das ökonomische System der Produktionsverhältnisse ein, sind deren materielle Grundlage und ein Teil ihrer Determinanten. Prinzipien, die sich aus der ökonomischen Struktur der Produktionsverhältnisse ergeben, sind nicht "technische Sachzwänge" und bestimmen die Technik und Technologie nur insoweit, als diese Elemente eben jenes ökonomischen Systems sind. Ökonomische Zwecke als "technische Sachzwänge" auszugeben, ist eine logische Verkehrung, die die Autonomie technischer Mittel gegenüber ihrer ökonomischen Verwertung übersieht. Sie erzeugt den "technologischen Schein", als welcher eben die Hypostasierung ökonomischer Zwecke zu technischen Notwendigkeiten bezeichnet werden soll.

Um die Konfusion technologischer und ökonomischer Kriterien zu verdeutlichen, möchte ich beispielsweise (und ohne damit der Theorie Gehlens eine Prävalenz vor anderen Technik-Theorien zu geben) die von Gehlen angegebeneGruppe von "technischen Prinzipien" untersuchen, "die sich auch in den sozialen und zwischenmenschlichen Beziehungen vollständig durchgesetzt haben":

- "Das Prinzip der vollen Beanspruchung, der Ausschaltung des Leerlaufs toter Gewichte und ungenutzter Energien"
- "Das Prinzip der vorbereiteten Vollzüge (der Mann am Druckknopf oder Schalthebel ist die Modellfigur aller gut funktionierenden Regie)"
- "Das Prinzip der Normgröße und auswechselbaren Teile"
- "Das Prinzip der Konzentration auf den Effekt".[15)]

(Es ist einsichtig, daß diese Prinzipien, die als Postulate an technische Vollzüge herangetragen werden, von Wertsetzungen ausgehen, die auf die Effizienz des Vollzugs gemäß dem Prinzip des kleinsten Aufwands abzwecken. In methodologischem und heuristischem Sinne ist das Prinzip des kleinsten Aufwandes von Leibniz als metaphysisches und von Maupertuis bis Mach als physikalisches eingeführt worden; doch bezeichnenderweise hat man von ihm als einer denkökonomischen Regel gesprochen. Und schon die allgemeinste Fassung bei Leibniz, die Erzielung des größtmöglichen Resultats mit den geringstmöglichen Mitteln stelle ein Optimum dar, zeigt in der Tat, daß hier ein ökonomisches Maß generalisiert wurde. Denn wohl errechnet sich der Profit aus der Differenz zwischen Gestehungskosten und Preis eines Produkts, nicht aber ist die Differenz zwischen kleinstem Aufwand und größtem Nutzen eine für die bloß technische Effizienz eines Geräts konstitutive Relation. So ist zum Beispiel das Prinzip der Normgrößen und auswechselbaren Teile erst unter den Bedingungen der industriellen Massenproduktion - also abhängig von ökonomischen Veränderungen in den Produktionsverhältnissen - technisch relevant geworden; und es gewinnt seine Rationalität sowohl im Hinblick auf massenhafte, gleichmäßige Herstellung als auch im Hinblick auf leichte, schnelle und billige Auswechslung schadhafter Teile. Auch die Konzentration auf den Effekt meint den maximalen Nutzen einer durch ein Instrument vollbrachten Leistung; es ließe sich indessen - für einen hier nur fiktiv eingeführten Fall - denken, daß bei einer Konstruktion von geringerem Ausnutzungskoeffizienten der maschinellen Leistung etwa eine ästhetisch befriedigendere, der Umgebung angepaßtere Form gefunden werden könnte - und eine solche Alternative würde nicht den technischen, sondern den ökonomoschen Zweck betreffen. Vollends das Prinzip der vollen Beanspruchung ist ein solches der ökonomischen Rentabilität, nicht der technischen Leistung. Ein technisches Gerät kann seinem Zweck vollauf gerecht werden, auch wenn es nur unregelmäßig oder selten in Betrieb genommen wird; beim Handwerkszeug im Haushalt ist dies sogar der Normalfall - die sprichwörtlich gewordene Axt im Hause, die den Zimmermann erspart, wird nicht voll ausgelastet, oder (um ein der neueren Technik entnommenes Beispiel zu gebrauchen): der Gesteinsbohrer, der dem Hausherrn ermöglicht, in Betonwände Nägel zu treiben, bleibt ökonomisch ein Luxus, weil er nur selten benötigt wird.

Nun wäre es allerdings müßig, die Technik isoliert von dem ökonomischen System betrachten zu wollen, das sie hervorgebracht hat oder in dem sie angewendet wird. Wenn auch Gehlen - partiell wohl nicht zu Unrecht - eine Verselbständigung technologischer Denkweisen dergestalt feststellt, daß Technik nicht mehr instrumentell vorgegebenen Zwecken dient, sondern Zwecke selber aus der Erprobung technischer Möglichkeiten herausgesetzt werden[16], so bleibt doch die Tatsache bestehen, daß die Produktionsverhältnisse - also die Organisation der Produktivkräfte im politisch-ökonomischen System ihrer Verwertung - die Richtung bestimmen, in der der technologische Fortschritt entwickelt und genutzt wird. Ropohl hat darum nicht zu Unrecht - in einem wissenschaftsgeschichtlich reizvollen Rückgriff auf die "Technologie" des Ökonomen Johann Beckmann von 1806[17] - den politökonomischen Horizont der Technik hervorgehoben; und er moniert, daß dieser Horizont theoretisch bisher noch nicht zulänglich abgebildet worden sei.[18] Allerdings kehrt Ropohl das Verhältnis von allgemeiner Technologie und Politökonomie um, wenn er als Bestandteil der Technologie fordert: "eine umfassende Theorie sozio-technischen Handelns, welche ... insbesondere auch kommunikationstheoretische, herrschaftssoziologische und politisch-ökonomische Aspekte zu berücksichtigen hätte".[19]

Nun ist die Verkehrung, die hier in der Fundierung von politischer Ökonomie auf allgemeine Technologie statthat, nicht zufällig und auch nicht bloß ideologisch. Vielmehr umfaßt das System der Technik ebenso wie das der Wirtschaft die Gesellschaft insgesamt - und es könnte scheinen, daß den Produktivkräften und den aus ihnen erwachsenden Produktionsweisen, da sie die Produktionsverhältnisse materiell fundieren, wissenschaftstheoretisch auch die Fundamentalwissenschaft entspreche, die die gesellschaftliche Systembildung begründet. Nur wenn die Systemrelation von Produktivkräften und Produktionsverhältnissen als eine hierarchische beschrieben werden könnte, wäre jedoch das System der Produktionsverhältnisse als abhängig vom System der Produktivkräfte zu interpretieren, und ökonomische Strukturen müßten dann logisch wie ontisch ihren Grund in technischen Strukturen haben und als deren Derivate begriffen werden, so daß das ökonomische System von technischen "Sachzwängen" gesteuert würde).

In der Tat ließen sich dann die vier Prinzipien Gehlens als die Indices von "Rationalisierung" technischer Vollzüge formulieren und damit als "Sachzwänge" technischer

Perfektion interpretieren. Doch dieser Interpretation liegt ein ideologisches quid pro quo zugrunde, das durch den formalistischen Gebrauch der Kategorien Rationalität und Perfektion verschleiert wird; beide gewinnen nämlich als Verhältnisbegriffe ihre inhaltliche Bestimmung erst durch den Zweck, an den sie angemessen sind. Das System der Zwecke, das eine Ordnung von Präferenzen nach sich zieht, ist jedoch durch die Produktionsverhältnisse nicht ein für allemal - sozusagen als natürliche Ordnung - vorgegeben, sondern selbst historisch variabel und nach Maßgabe objektiver Möglichkeiten[20] dem Entscheidungsfreiraum des historischen Subjekts einbeschrieben; der Entscheidungsprozeß ist ein politischer, der nur durch materiale Bedingungen - zum Beispiel Naturgesetze, Niveau der Kenntnisse, Entwicklungsstand der Produktivkräfte - limitiert ist, aber die Reformulierung der Zwecke in diesem Rahmen durchaus zuläßt. (In diesem Sinne ist der von Marcuse und Habermas gegen den von Max Weber eingeführten Begriff der "Rationalisierung" vorgetragenen Kritik (wenn auch nicht in ihren Folgerungen) zuzustimmen: "Weil sich Rationalität dieser Art auf die richtige Wahl zwischen Strategien, die angemessene Verwendung

von Technologien und die zweckmäßige Einrichtung von Systemen (bei gesetzten Zielen in gegebenen Situationen) erstreckt, entzieht sie den gesamtgesellschaftlichen Interessenzusammenhang, in dem Strategien gewählt, Technologien verwendet und Systeme eingerichtet werden, der Reflexion und einer vernünftigen Rekonstruktion ... Deshalb ist die 'Rationalisierung' von Lebensverhältnissen nach Maßgabe dieser Rationalität gleichbedeutend mit der Institutionalisierung einer Herrschaft, die als politische unkenntlich wird: die technische Vernunft eines gesellschaftlichen Systems zweckrationalen Handelns gibt ihren politischen Inhalt nicht preis."[21)]
Nur übersehen Marcuse und Habermas, daß die vorgebliche "technische Rationalität" gar nicht die Zweckverfassung des dynamischen Systems der Produktivkräfte, sondern die des Systems der Produktionsverhältnisse ist; und ist auch die Entwicklung der Produktivkräfte ein irrevozibler historischer Prozeß, so sind die in die Produktionsverhältnisse eingegangenen gesellschaftlichen Zwecke keineswegs unveränderlich. Im Gegenteil, aus der Entfaltung der Produktivkräfte resultieren auf jeder Stufe des historischen Fortschritts neue gesellschaftliche Zwecke, die neue politische Präfe-

renzentscheidungen fordern.[22]

Betrachtet man nun unter diesen Gesichtspunkten die von Gehlen formulierten Prinzipien, so erkennt man leicht, daß die in ihnen sich ausdrückenden Zwecke nicht insgesamt primär technische, sondern ökonomische sind. Man wird die vorbereiteten Vollzüge als Moment der durch Technik bewirkten Objektivation und Entlastung menschlicher Arbeit betrachten,[23] die anderen drei Prinzipien stehen klar im Zusammenhang der Kosten-Nutzen-Rechnung und stellen nur deren Anwendung auf den Bereich technischer Vorgänge dar. Die Minimierung der Kosten ist aber keinesfalls ein technisches, sondern ein ökonomisches Prinzip. Und auch als ökonomisches Prinzip steht es in der Präferenzliste nur da im oberen Rang, wo die Profitmaximierung die private Antriebskraft der gesellschaftlichen Produktion ist, also da, wo das Kapitalverhältnis die Produktionsverhältnisse determiniert.

(Um sich zu verdeutlichen, wie verschieden rein technische von ökonomischen Kriterien sind, möge man an die Konstruktion eines Automobils denken: der vorgegebene, nichttechnische Zweck ist die schnelle Fortbewegung des Benutzers, evtl. noch die optimale Größe der Nutzlast - sei es die Zahl der Mitfahrer, sei es das Gewicht oder auch der Ausdehnungsspielraum der Ladung. Je nach dieser Zweckbestimmung sind verschiedene Wagentypen entwickelt worden: der schnelle, leichte Sportwagen, die Familienlimousine, der Caravan etc. Die technischen Daten ergeben sich aus der vorgegebenen Zweckbestimmung, die zum Beispiel bestimmte Relationen zwischen Geschwindigkeit, Nutzlast, Binnenraum etc. zu optimieren erlaubt. Ein technisches Datum in diesem Zusammenhang wäre etwa das Fassungsvermögen des Kraftstofftanks: ein schneller Wagen mit hohem Kraftstoffverbrauch muß einen entsprechend großen Tank haben, damit nicht die Marschgeschwindigkeit durch zu häufiges Auftanken wieder vermindert wird. Oberstes technisches Kriterium ist die Betriebssicherheit, danach die Leichtigkeit der Bedienung. Treffend unterscheiden die Autoproduzenten zwischen technisch notwendiger beziehungsweise zweckmäßiger und luxuriöser Ausstattung - letztere dient nicht technischen, sondern anderen humanen Zwecken.)

(Im System der durch technische Konstrukte zu realisierenden Zwecke sind nur wenige rein technischer Natur; also technische "Sachzwänge". Profitmaximierung beziehungsweise Kostensenkung ist gewiß kein technologisch bedingter Zweck - das heißt die Verringerung der Betriebssicherheit aus Gründen der Preisreduktion, die Vernachlässigung des Umweltschutzes aus Kostenerwägungen etc. setzen bereits eine Wert- und Präferenzordnung voraus, die an kapitalistischen Zielvorstellungen des gesellschaftlichen Produktionsprozesses orientiert ist).

Diese Vermischung technischer und ökonomischer Zwecke tritt in der heute als "technology assessment" bezeichneten systematischen Wertanalyse technischer Vorgänge zutage.Deren formale Definition ((von B. Bartocha) lautet: "Technology assessment kann beschrieben werden als eine systematische Analyse, in der direkte und indirekte, gegenwärtige und künftige, willkommene und schädliche Aus- und Nebenwirkungen einer Technologie möglichst ausführlich bestimmt und bemessen und zugleich die Ursache-Folge-Verhältnisse festgestellt werden.") In der VDI-Richtlinie 2801 heißt es: "Die Wertanalyse ist eine Methode zur Steigerung des Unternehmenserfolgs; sie kann dementsprechend angewandt werden, um die Produktivität zu steigern, die Kosten zu senken, den Nutzen (für den Abnehmer) zu steigern, die Qualität zu verbessern und um den Verkaufswert zu erhöhen." (Und ein Vorentwurf dazu wird noch deutlicher: "Wertanalyse ist eine Methode mit dem Ziel, verlangte Funktionen mit minimalem Kostenaufwand zu erfüllen. Um dieses Ziel zu erreichen, werden zu vorhandenen oder geplanten Mitteln für die Erfüllung der Funktionen systematisch alle vorstellbaren Alternativen ermittelt und überprüft sowie anschließend diejenigen ausgewählt, die dem gesteckten Kostenziel am nächsten kommen... Ein wesentlicher Bestandteil der Wertanalyse ist die Festsetzung eines Kostenziels, das im Idealfall dem Kostenminimum nahekommt.")[24] Und Huning resümiert treffend: "Bei den bisherigen Technology Assessments hat sich gezeigt, daß der gemeinsame Nenner am ehesten in den finanziellen Aufwendungen zu finden ist. So lassen sich beispielsweise auch gesundheitliche Schädigungen in dem Aufwand ausdrücken, der auf die Individuen und auf die Gesellschaft als Folgelast zukommt. Zu den Rechnungen, die der einzelne zu zahlen hat, und zu den Einkommensverlusten, die er erleidet, kommen die Aufwendungen der Gesellschaft, die etwa in Bau, Einrichtung und Unterhaltung von Krankenhäusern und in der Ausstattung mit medizinischem und pflegerischem Personal - und dessen Ausbildung - unter Einschluß der Verwaltung exakt berechenbare Kosten verursachen, die sich im Verhältnis zu Zeiteinheiten berechnen lassen."[25] Die Unmenschlichkeit solcher Rechnungen, die zum Beispiel menschliches Leiden als Kostenfaktor nur dann zu berücksichtigen brauchen, wenn es sich als Anspruch auf Schmerzensgeld niederschlägt, liegt auf der Hand. Hier aber technische "Sachzwänge" oder gar die Struktur einer "Technokratie" verantwortlich zu machen, (in der - wie Marcuse meint - "die Wissenschaft aufgrund ihrer eigenen Methode und Begriffe ein Universum entworfen und befördert hat, worin die Naturbeherrschung mit der Beherrschung des Menschen verbunden blieb"),[26] heißt das quid pro quo des "technologischen Scheins" unbesehen übernehmen und so dessen apologetische Funktion für das kapitalistische System reproduzieren. Nicht die von Marcuse beschworene quasi religionsphilosophische Illusion einer "Neuen Wissenschaft und Neuen Technik", aber auch nicht die von Habermas in Anspruch genommene, von den Inhalten des Klassenkampfes abgesperrte "Interaktion", sondern nur die Herstellung neuer Produktionsverhältnisse kann diese Fremdbestimmung menschlicher Zwecksetzungen aufheben. Um einen ersten Schritt auf diesem Wege zu gehen, scheint es notwendig, die Ursprünge und den systematischen Zusammenhang der in gesellschaftliche Zwecksetzungen eingehenden Wertpräferenzen freizulegen, um zu rationalen, mithin in ihrer Genese, ihrem Beziehungscharakter und ihren Implikationen eingesehenen Entscheidungsmerkmalen bei der Willensbildung zu kommen. Das heißt aber, eingegrenzt auf das Subsystem Technik, daß die strukturalen, funktionalen und hierarchischen Aspekte der in technischen Prozessen leitenden Präferenzen aufgehellt werden müssen, daß also eine Systemtheorie technologischer Wertungskriterien erarbeitet werden muß, die ihrerseits die Determination des Subsystems Technik durch die übergeordneten Merkmale des Gesellschaftssystems berücksichtigt und die Verwirrung technologischer und sozialer Determinanten im soziotechnischen System entflicht.

Die Schwierigkeiten des sytemtheoretischen Ansatzes rühren nun allerdings gerade daher, daß die Theorie eines Systems umso exakter ausgearbeitet werden kann, je enger begrenzt der Umfang des Systems oder je kleiner die Menge der in ihm vereinigten Elemente ist. Daraus folgt, daß die Theorie eines Systems umso größeren operationalen Nutzen haben wird, je weniger Determinanten sie systemintern als Variable einführen muß, oder anders gesagt: je mehr Determinanten sie "systemextern" in die "Umwelt" des Systems verbannen kann, durch die die Rationalität des Systems selbst nicht tangiert wird. Der Systemzweck technischer Systeme wird zum Beispiel immer außerhalb ihrer selbst liegen und braucht den Konstrukteur oder das bedienende Personal nicht zu kümmern. Die Ingeniosität der Todesmaschine in Kafkas "Strafkolonie" wird durch ihren infernalischen Zweck nicht gemindert; oder, an einem Beispiel geschichtlicher Wirklichkeit statt literarischer Fiktion: unabhängig von ihrem unmenschlichen Zweck konnten die Gaskammern von Auschwitz nach den Kriterien technischer Perfektion errichtet und bedient werden; und die Funktionäre des Mordes haben dort wie je die moralische Verantwortung für ihr Tun bestritten. Wie schwer die Kollision eines partiellen Zwecks - der Perfektion eines Subsystems - mit übergeordneten Zwecken den einzelnen Wissenschaftler oder Techniker belastet, hat der sogenannte "Fall Oppenheimer" der Öffentlichkeit bewußt gemacht und wurde mit Nachdruck in der Erklärung der "Göttinger Achtzehn" vom 12. 4. 1957 ausgesprochen: "Unsere Tätigkeit, die der reinen Wissenschaft und ihrer

Anwendung gilt und bei der wir viele junge Menschen unserem Gebiet zuführen, belädt uns mit einer Verantwortung für die möglichen Folgen dieser Tätigkeit".

Das Beispiel zeigt, weil hier in der Tat die Hierarchie der Zwecke deutlich zutage tritt, daß eine Interdependenz oberster Zwecke und untergeordneter Teilzwecke vorliegt und bei der Beschreibung von Subsystemen der Gesellschaft nicht vernachlässigt werden darf. Modellhaft könnte man das System der Zwecke als eine Kugel darstellen, in deren Mittelpunkt sich der systemkonstitutierende Zentralzweck befände, mit dem jeder der konzentrisch darum angeordneten Teilzwecke durch eine radiale Beziehungslinie verbunden wäre. Ohne ausführliche Deduktion möchte ich hier als akzeptierbar setzen, daß der einzig deduzierbare, das heißt nicht auf Vermutungen zu gründende erste Zweck des Menschen die Erhaltung des Menschengeschlechts ist; zum mindesten wäre für uns kein System der Zwecke zu denken, wenn es nicht Menschen gäbe, die Zwecke setzen und verwirklichen. Kein Teilzweck darf also diesem ersten Zweck widersprechen, den ich das "anthropologische Apriori der Wertlehre" nennen möchte.

Nun war die Technik - und zwar von ihren prähistorischen handwerklichen Anfängen bis zur Industrietechnik heute - auf Erhaltung, Erleichterung und Ver esserung des Lebens gerichtet; sie war und ist ein Teil des "Stoffwechsels des Menschen mit der Natur" (Marx), ein Teil seiner Überlebensanstrengungen. Die Deformation der Technik wie der Wissenschaft zu einer die Lebenswelt bedrohenden Übermacht hängt von dem Verwertungszusammenhang ab, in dem Technik steht, nicht von den Mitteln, aus denen sie besteht. Immerhin gibt der biologische Kontext der Technik, nämlich Organersatz, -verstärkung und -entlastung zu sein, die Rückkopplung der technikeigenen Werte mit Lebenswerten zu erkennen. Genuin technologische Präferenzen werden gesetzt durch die Funktion des technischen Mittels, quasi Organ und lebensdienlich zu sein. Lebensdienlich heißt in Umkehrung: wenigstens nicht lebensschädlich; der Gebrauchswert eines technischen Mittels muß so beschaffen sein, daß es, bei richtigem Gebrauch, Leben und Gesundheit des Benutzers nicht gefährdet. Erstes und oberstes technologisches Kriterium ist mithin die Betriebssicherheit; davon deriviert ist das Postulat der Vermeidung oder Minimierung schädlicher Nebenwirkungen (für das Maß der

Minimierung muß die unbedingte Garantie der Erhaltung der Gesundheit gelten). In den meisten Fällen bedarf es genau so eines Schutzes der Umwelt des Benutzers.

Im Zusammenhang mit dem Lebenswert steht ein weiteres technologisches Kriterium: der Gebrauchswert eines technischen Mittels wird nur hinreichend sichergestellt, wenn die Eindeutigkeit der Wirkung garantiert ist. Ein Wecker, der mich zur falschen Stunde aus dem Schlaf reißen würde, nützte mir nichts; ein Auto, das beim Anlassen unvorhersehbar vorwärts oder rückwärts losfahren würde, könnte lebensgefährlich sein. Dieses Kriterium ist so selbstverständlich, daß es oft mit der Betriebssicherheit in eins gesetzt wird; logisch muß es aber davon unterschieden werden.

Da Technik der Lebenserleichterung dient, darf es als ein technologisches Kriterium angesehen werden, daß technische Mittel leicht zu bedienen oder anzuwenden sein müssen. Natürlich ist "leicht" ein Maß, das nur in Relation zu der Aufgabe bestimmt werden kann; wohl aber lassen sich, von einer Ausgangslage her, Erleichterungen genau und meist sogar quantifizierbar feststellen. Diese sind allerdings sekundär gegenüber der Priorität der Betriebssicherheit und der Vermeidung schädlicher Nebenwirkungen. So können wir bereits bei diesen drei Beispielen innerhalb der Gruppe der technologischen Werte wiederum Rangordnungen statuieren.

Vorausgesetzt, daß der Funktionszweck eines technischen Mittels bestimmt ist, bleibt es dann ein intern technologisches Problem, im Rahmen der vorgegebenen Parameter eine Optimierung des Effektes zu erzielen, die rechnerisch bestimmt werden kann. Hier verwirklicht sich jene - scheinbar "wertfreie" - technologische Rationalität, die, allgemein auf die Zweck-Mittel-Relation bezogen, von Horkheimer als Charakteristikum einer bloß "instrumentellen Vernunft" herausgearbeitet und denunziert wurde. Nun schließt aber die Optimierung des Effekts stillschweigend die Zwecksetzungen ein, die durch die Effektivität des Mittels verwirklicht werden sollen (wie wir am Beispiel der Gaskammern von Auschwitz oder der Erklärung der "Göttinger Achtzehn" anzudeuten versuchten). Diese Zwecksetzungen könnten zum Beispiel dadurch modifiziert werden, daß die Optimierungskalkulationen der Technologen zum Vorschlag von Mitteln führen, die das zwecksetzende Subjekt aus anderen

Gründen als denen, die den Partialzweck bedingen, ablehnen muß. Zum Beispiel: die Entwicklung eines optimal effektiven nuklearen Waffensystems könnte eine langfristige Versuchsserie nötig machen (technologischer Sachzwang!), deren Nebenwirkungen (etwa durch fall out) unvorhersehbare genetische Veränderungen bei einer großen Zahl von Menschen hervorrufen könnten; in einem solchen Falle müßte der Partialzweck, die Entwicklung eines optimal effektiven nuklearen Waffensystems, aufgegeben bzw. modifiziert werden. Eine Hierarchie der Zwecke, die das System technologischer Rationalität bei weitem überschreitet, ist in jeder Entscheidung impliziert. Der "technologische Schein" kann nur dann entstehen, wenn die Interpretation der Partialzwecke zu einem System der Zwecke - letztlich also zu einem "System der Bedürfnisse" - nicht vorgenommen wird. Ein solches System würde eine deduktive Konstruktion der Präferenzkriterien einschließen.

Nun leuchtet ein, daß der Entwurf eines Systems der Zwecke und Bedürfnisse von keiner partiellen Einzelwissenschaft geleistet werden kann; ja, daß ein solcher Entwurf auf die grundsätzlichen Fragen der traditionellen philosophischen Disziplinen zurückführt: ontologische, metaphysische, erkenntnistheoretische Probleme sind mit dem Entwurf eines Systems der Zwecke verknüpft. Die Frage nach den Wertpräferenzen führt auf eine philosophia perennis zurück, von der sich der Einzelwissenschaftler nicht entbunden fühlen kann; die Philosophie selber muß aber im Blick auf die Methoden und Ergebnisse der Einzelwissenschaften das Denkinstrumentarium bereitstellen, um diese ihre perennierenden Fragen zeitgemäß und für den Wissenschaftler plausibel beantworten zu können.

3.

Wir haben zu zeigen versucht, daß die Rede von "Sachzwängen", die den politischen Entscheidungen aus immanenten Gesetzmäßigkeiten technischer Vollzüge und technologischer Prozesse vorgegeben sein sollen, sich als eine Verschleierung ökonomischer Wertpräferenzen erweist, die ihrerseits aus dem System der Produktionsverhältnisse entspringen. So wenig es ein aus der Organisationsform hochindustrialisierter Produktion hervorgehendes "Regime der Manager" gibt, das jenseits der Interessen der Kapitalverwertung die Stabilisierung des kapitalistischen Systems an sich verfolgen würde (was eine contradictio in adiecto wäre) - ebensowenig gibt es eine von der Gesellschaftsformation unabhängige "Technokratie", die, von den Tendenzen des technologischen Fortschritts gesteuert, die Gesellschaft den Optimierungsparametern der Apparate unterwürfe. Beide Konzeptionen projizieren die Inhumanität des Kapitalismus auf äußerliche Determinanten, um damit das System unausweichlich, um es zugleich ubiquitär erscheinen zu lassen.

Auf dem quid pro quo, Präferenzen der Kapitalverwertung als solche der Technik auszugeben, beruht auch die sogenannte "Konvergenztheorie", die die progredierende Annäherung des kapitalistischen und des sozialistischen Systems mit der Begründung behauptet, daß die Technologie und deren industrielle Verwertung universale, die Gesellschaftssysteme übergreifende Produktions- und (sekundär) Konsumtionsstrukturen hervorbrächten, die langfristig eine Angleichung der gesellschaftlichen Organisationsformen und der individuellen Lebensweise bewirkten. Das Argument der "technischen Sachzwänge", der durch Technologie vorgegebenen gesellschaftlichen Wertpräferenzen erscheint hier unverhüllt in seiner apologetischen, nämlich Kritik am Kapitalismus beschwichtigenden Form, mit der Absicht, den Klassenkampf für obsolet zu erklären.

Es wäre müßig zu bestreiten, daß es in den Verfahren wissenschaftlich-technologischer Forschung und Anwendung von Forschungsergebnissen sowie in der Organisation technisch-industrieller Prozesse Übereinstimmungen zwischen den gegensätzlichen Gesellschaftssystemen gibt, die einer bloß deskriptiv verfahrenden Soziologie als partielle "Systemkonvergenzen" erscheinen mögen.[27)] Die Behauptung, daß damit die Strukturen selbst der Systeme sich annäherten, geht von einer falschen Verallgemeinerung aus: sie setzt nämlich Teilrationalität von Verfahren und Subsystemen mit der Verfassung des Systems im ganzen gleich und beachtet nicht, daß diese sich erst als Ausdruck eines integralen Systems der Zwecke verstehen läßt, dessen Gliederung sich an Präferenzhierarchien ablesen läßt. Darum bemerken Jürgen Harrer und Heinz Jung mit Recht: "Die Reduktion der Rationalität einer Wirtschaft auf einzelne Kennziffern und technische Daten läßt vielmehr die langfristigen Potenzen außer acht, die sich aus der Struktur der Gesamtgesellschaft ergeben und übersieht, daß wirtschaftliche Leistung an sich kein Maßstab sein kann und ihren Stellenwert erst im gesamtgesellschaftlichen Kontext erhält. Entscheidend ist vielmehr die Frage, wozu und wem die erbrachte Leistung dient, wer sich die produzierten Werte aneignet, nach welchen Gesichtspunkten und zu welchem Zweck und wie sie auf die Gesellschaftsmitglieder verteilt werden."[28] Systemvergleiche sind also auf eine Konfrontation der Systemzwecke zurückverwiesen, die wiederum nur durchgeführt werden kann, wenn die inhaltliche Beziehung der Einzelzwecke genau unterschieden wird: technische "Sachzwänge" haben in einem System der Kapitalverwertung einen anderen Stellenwert und damit qualitativ andere Eigenschaften und Funktionen als in einem sozialistischen System.[29] Solche Systemanalysen scheinen auf der Ebene philosophischer oder soziologischer Verallgemeinerung einen willkürlich-definitorischen Charakter zu behalten, sie füllen sich indessen sofort inhaltlich auf, wenn man sie durch politökonomische Detailuntersuchungen untermauert.[30]

Vergleichende Systemanalysen des kapitalistischen und des sozialistischen Systems lassen jedoch den deduktiv konstruierbaren

Aufbau der jeweiligen Zweckhierarchien erkennen. Diese entspringen keineswegs willkürlichen Setzungen, sondern den Eigenschaften des grundlegenden Verhältnisses, das die Produktionsweise determiniert; dieses aber ist das Eigentumsverhältnis an Produktionsmitteln. Denn "Mensch und Technik sind keine abstrakten Erscheinungen, wie es die Konvergenztheorie unterstellt. Die soziale Funktion der Technik und damit ihr Wesen ist in der kapitalistischen Gesellschaft vor allem durch ihre Kapitaleigenschaft bedingt ... In der sozialistischen Gesellschaft besitzt die wissenschaftlich-technische Revolution einen völlig entgegengesetzten sozialen Inhalt ... Deshalb hat die Arbeitskraft aufgehört, eine Ware zu sein; die Produktionsmittel haben sich aus Kapital in gesellschaftliche Fonds verwandelt ... Der gesellschaftliche Reproduktionsprozeß ist im Sozialismus seinem Inhalt nach erstmals realer Aneignungsprozeß der Produktionsmittel durch die ganze Gesellschaft."[31] Daraus folgt, daß an die Stelle der Verfolgung partieller Zwecke durch die Kapitaleigner nun nur mehr die Gattungszwecke treten, die die Entscheidungspräferenzen bestimmen,[32] daß also Systemmängel aus grundsätzlicher Disparität zwischen

Sonder- und Gemeininteressen bei der Festsetzung von Präferenzen nicht mehr auftreten können, sondern Mängel nur auf Fehleinschätzungen oder unvollkommene Analysen zurückgehen. Entscheidungspräferenzen in einem sozialistischen System orientieren sich an einem - seinerseits dynamischen, dem jeweiligen Stand der Produktivkräfte sich anpassenden und ihm vorauseilenden - System der Bedürfnisse.[33] Wenn im kapitalistischen System die Ausrichtung der Bedürfnisse zum Beispiel auf kurzlebige materielle Konsumgüter erfolgt, so ist dies selbst wieder eine aus den Interessen der Kapitalverwertung hervorgehende und - etwa durch Werbung - manipulierte Präferenzordnung, die letztlich - nämlich durch Vernachlässigung der Bedürfnisse einer allseitigen Entfaltung und Bildung der Persönlichkeit - den materiellen Fortschritt selbst hemmt; und umgekehrt: die wissenschaftlich-technische Revolution bringt Bildungsbedürfnisse hervor, die, wenn sie nicht durch das Kapitalverhältnis gehemmt werden, zur Erweiterung der individuellen und Gattungsmöglichkeiten des Menschen führen.

Es erscheint in dem hier vollzogenen Dreischritt - der Feststellung des "technologischen Scheins", der Aufdeckung angeblich technisch bedingter "Sachzwänge" als Präferenzen der Kapitalverwertung und der Charakterisierung der ideologischen Argumentationsweise der Konvergenztheorie - ein Komplex der Theorienbildung, der sich deutlich als ein Überbauprodukt der spätkapitalistischen Produktionsweise darstellt. Das Instrumentalsystem der Technik wird hier zu einem eigengesetzlichen Bereich einer "zweiten Natur" fetischisiert, der sich der Mensch als einer Notwendigkeit zu unterwerfen habe; während es in der Tat die Zwecke der Kapitalverwertung sind, die durchgesetzt werden. Diesen Schein gilt es zu durchschauen, wenn die ihn produzierenden Verhältnisse verändert werden sollen.

Anmerkungen

1) So Arnold Gehlen, Die Seele im technischen Zeitalter, rde.53, Reinbek bei Hamburg 1957, S. 104 ff.

2) Gehlen, a.a.O., S. 109

3) Jürgen Habermas, Technik und Wissenschaft als 'Ideologie', edition Suhrkamp 287, Frankfurt am Main 1968, S. 108: "Die Masse technischen Wissens beschränkt sich nicht mehr auf die pragmatisch erworbenen Techniken der klassischen Handwerke, es hat die Gestalt wissenschaftlicher Informationen angenommen, die sich für Technologien verwerten lassen".

4) Habermas, a.a.O., S. 79

5) Habermas, a.a.O., S. 113

6) Habermas, a.a.O., S. 80 f.: "Die private Form der Kapitalverwertung und ein loyalitätssichernder Verteilerschlüssel für soziale Entschädigungen bleiben als solche der Diskussion entzogen. Als unabhängige Variable erscheint dann ein quasi-autonomer Fortschritt von Wissenschaft und Technik, von dem die wichtigste einzelne Systemvariable, nämlich das wirtschaftliche Wachstum, in der Tat abhängt. So ergibt sich eine Perspektive, in der die Entwicklung des gesellschaftlichen Systems durch die Logik des wissenschaftlich-technischen Fortschritts bestimmt scheint. Die immanente Gesetzlichkeit dieses Fortschritts scheint die Sachzwänge zu produzieren,

denen eine funktionalen Bedürfnissen gehorchende Politik folgen muß".

7) Habermas, a.a.O., S. 82

8) Vgl. Habermas, a.a.O., S. 112

9) Habermas, a.a.O., S. 84: "Der staatlich geregelte Kapitalismus, der aus einer Reaktion auf die durch den offenen Klassenantagonismus erzeugten Systemgefährdungen hervorgegangen ist, stellt den Klassenkonflikt still" (sic!).

10) Habermas, a.a.O., S. 92: "Der Zusammenhang von Produktivkräften und Produktionsverhältnissen müßte durch den abstrakteren von Arbeit und Interaktion ersetzt werden".

11) Habermas, a.a.O., S. 98

12) Vgl. hierzu Hans Heinz Holz, Utopie und Anarchismus. Zur Kritik der kritischen Theorie Herbert Marcuses, Köln 1968. Ders., Mephistophelisches Philosophieren. In: Die neue Linke nach Adorno, hg. von Winfried Schöller, München 1969

13) Arnold Gehlen, Die Seele im technischen Zeitalter, rde. 53, Reinbek bei Hamburg 1957, S. 8

14) Zum System der Bedürfnisse vgl. Georg Wilhelm Friedrich Hegel, Rechtsphilosophie, §§ 182 ff.

15) Gehlen, a.a.O., S. 36 f.

16) "Es handelt sich immer weniger darum, für schon definierbare Zwecke die technischen Mittel der Herstellung, für

vorgegebene Gegenstandsgebiete die besten Erkenntnismethoden zu finden ..., sondern umgekehrt: die Darstellungsmittel, Denkmittel, Verfahrensarten selbst zu variieren, durchzuprobieren, bis zur Erschöpfung aller Möglichkeiten ins Spiel zu bringen und zu sehen, was dabei herauskommt. Auch in der Technik geht man natürlich, wie früher, oft noch von Zwecken aus und sucht die Mittel dafür ... Daneben aber und anscheinend zunehmend wichtig gibt es die umgekehrte Art der Problemstellung, nämlich die Frage, was sich Unvorhergesehenes aus einer gegebenen Verfahrensart herausholen läßt". Gehlen, a.a.O., S. 28 f.

17) Günter Ropohl, Prolegomena zu einem neuen Entwurf einer allgemeinen Technologie. Vortrag beim X. Deutschen Kongreß für Philosophie, Kiel, 11. 10. 1972, Manuskript, S. 1 f.

18) Ropohl, a.a.O., S. 3: "Es fehlen bis heute hinlänglich bewährte theoretische Modelle, in denen die Entwicklungszusammenhänge zwischen Technik, Wirtschaft und Gesellschaft umfassend und für gesellschaftlich-politische Praxis auswertbar beschrieben und erklärt würden". Warum Ropohl das marxistische System-Modell, das die Beziehungen von Produktivkräften, Produktionsweisen und Produktionsverhältnissen sowie staatlich-rechtlichen Institutionalisierungen bestimmt, dabei außer acht läßt, ist nicht einzusehen. Auch wenn er dieses Modell nicht als adäquat erachtet, müßte er es doch als ein in der gesellschaftlichen Planungspraxis der Sowjetunion "hinlänglich bewährtes theoretisches Modell" zur Kenntnis nehmen.

19) Auch der von Ropohl herangezogene A. Timm, Kleine Geschichte der Technologie, Stuttgart 1964, verfällt dieser Umkehrung, wenn er schreibt, es gelte "die übergreifende, Wirtschaft, Gesellschaft und Technik verklammernde Funktion der Technologie" wiederherzustellen. A.a.O., S. 63

20) Zum Begriff der "objektiven Möglichkeit" vgl. Ernst Bloch, Das Prinzip Hoffnung, Frankfurt am Main 1959, Kap. 18.

21) Habermas, a.a.O., S. 49

22) Zum Beispiel erzeugen die Produktionsweisen industrieller Technik zusammen mit dem Anwachsen der Bevölkerungsziffern das Problem des Umweltschutzes; zum Beispiel erzeugt die Verminderung der Frühsterblichkeit und damit das Anwachsen der Bevölkerung das Problem der Geburtenkontrolle.

23) Sicher ist die Beschreibung richtig, daß sich "allein mit den Begriffen der fortschreitenden Objektivation menschlicher Arbeit sowie der zunehmenden Entlastung des Menschen" die Gesamtentwicklung der Technik beschreiben läßt; Gehlen, a.a.O., S. 19. Hermann Schmidt, VDI-Zeitschrift Band 96, 5, S. 119 ff. nennt drei Phasen oder Stufen dieses Prozesses: Werkzeug, Arbeits- und Kraftmaschine, Automat.

24) Alle Zitate dieses Abschnitts nach Alois Huning, Wertanalyse in neuer Sicht, VDI-Nachrichten 1972/49, S. 24

25) Huning, a.a.O., S. 24

26) Herbert Marcuse, Der eindimensionale Mensch, Neuwied und Berlin 1967, S.180

27) Siehe Frank Deppe, Probleme der betrieblichen Organisation der Produktion in BRD und DDR, in: BRD - DDR - Vergleich der Gesellschaftssysteme, Köln 1971, S. 93 ff. Hier S. 94: "Gewiß kann nicht bezweifelt werden, daß gegenwärtig in der sozialistischen Produktionsweise - zumal im Prozeß der Bewältigung der wissenschaftlich-technischen Revolution - Kategorien wirken, 'die eine formale Ähnlichkeit mit den entsprechenden Kategorien des Kapitalismus haben' (Walter Ulbricht)".

28) Jürgen Harrer, Heinz Jung, Das ökonomische System in der BRD und der DDR, in: BRD - DDR - Vergleich der Gesellschaftssysteme, a.a.O., S. 35

29) Ich halte es für möglich, daß dieser qualitativ unterschiedene Charakter des Selbigen innerhalb verschiedener Strukturen systemtheoretisch quantitativ-formalisiert gefaßt werden kann, wenn man den Vorschlag Gotthard Günthers zu einer Modifikation des 3. Peano-Axioms aufgreift; vgl. dessen Vorschlag beim Internationalen Hegelkongreß in Antwerpen 1972.

30) Vgl. Deppe, a.a.O., S. 134 f.: "Die Strukturkrise im Steinkohlenbergbau des Ruhrgebiets sollte durch systematische Vernichtung von Förderungskapazitäten, d.h. durch die Schließung von Zechen bereinigt werden. Die Bergleute wurden zum größten Teil unvorbereitet von diesen Maßnahmen getroffen. Der erzwungene Berufswechsel war meist mit einer Verminderung des Einkommens und der Qualifikation verbunden. Sogenannte 'Sozialpläne', die auf den Druck der Gewerkschaften und der

Belegschaften zustandekamen, verschleierten nur dürftig die reale Einschränkung des Lebensniveaus der Arbeitenden, während die Kapitaleigner noch mit sogenannten staatlichen 'Stillegungsprämien' honoriert wurden. Die Möglichkeit der demokratischen Kontrolle der Unternehmensentscheidungen waren - trotz der Geltung des Mitbestimmungsgesetzes in diesem Bereich - nicht gegeben. Die betroffenen Arbeiter und Angestellten wurden oft erst nach den definitiven Entscheidungen der Leitungsorgane der Unternehmen von ihrer Entlassung informiert.
Auch in der sozialistischen Wirtschaft erfordert die Realisierung strukturbestimmter Aufgaben die Stillegung bzw. Umstellung vieler Produktionsanlagen, so z.B. im Braunkohlentagebau. Hier verbindet sich aber langfristige Planung, Diskussion und gesellschaftliche Kontrolle solcher Prozesse mit der umfassenden Information, Qualifikation und materiellen Absicherung der Werktätigen. Keine Produktionsumstellung kann also vorgenommen werden, bevor nicht auf allen Ebenen Entscheidungen beraten und beschlossen worden sind, die die Abstimmung von gesellschaftlich-ökonomischen, betrieblichen und individuellen Interessen ermöglichen". Daneben die allgemeine Gegenüberstellung S. 94 f.: "Die Durchsetzung und Verallgemeinerung der industriellen Produktion ist geschichtlich Bedingung wie Resultat der kapitalistischen Gesellschaftsformation gewesen. Diese beruht auf der Investition von akkumuliertem Geldvermögen in vergegenständlichter und lebendiger menschlicher Arbeit, in Produktionsmittel und Arbeitskraft, die als Eigentum des Kapitalisten im Produktions-

prozeß fungieren und deren Kombination die eigentümliche Quelle des Kapitalprofits, mithin der erweiterten kapitalistischen Produktion und Reproduktion bildet. Kapital ist kein bloßer Eigentumstitel, keine statische Eigentumsbeziehung zu den Produktionsmitteln, sondern ein ständiger Prozeß der Aneignung von Arbeitskraft und unbezahlter Mehrarbeit. Die Klassenverhältnisse im Kapitalismus, der Antagonismus von Lohnarbeit und Kapital sind Ausdruck und Bewegungsform dieses gesellschaftlichen Aneignungsprozesses, der auf dem Privateigentum an vergegenständlichter Arbeit, an den Produktionsmitteln beruht.

In der sozialistischen Gesellschaft ist diese Aneignungsweise, in der privat über die Resultate gesellschaftlicher Arbeit verfügt wird, beseitigt ... Die Entwicklungsgesetze der sozialistischen Produktionsweise werden nicht durch das Motiv der profitablen Kapitalverwertung, durch die Konkurrenz der Warenproduzenten untereinander sowie durch das Regulativ des Profit-Markt-Mechanismus, das im staatsmonopolistischen Kapitalismus den Gesetzen der monopolistischen Konkurrenz unterliegt, bestimmt. Die Gesetze der sozialistischen Aneignung können sich nur durch die - mittels der zentralen staatlichen Planung und Leitung verwirklichten - Abstimmung individueller, betrieblicher und gesellschaftlicher Interessen entwickeln."

Das eingangs zitierte Beispiel macht die Verallgemeinerung, die das System der Wertpräferenz-Bildung verdeutlicht, am konkreten Fall einsichtig.

31) Politische Ökonomie des Sozialismus, Berlin 1969, S. 45 f. und S. 219 f.

32) Demgemäß heißt es auch a.a.O.: "Im Mittelpunkt der im Sozialismus mit der Entwicklung der Produktivkräfte verbundenen Fragen steht der Mensch, steht die schöpferische menschliche Arbeit und die Entwicklung des Menschen zur sozialistischen Persönlichkeit." S.294

33) Vgl. Harrer, Jung, a.a.O., S. 37: "Gesamtgesellschaftliche Aneignung des gesellschaftlich erstellten Produkts impliziert die Ausrichtung der sozialistischen Ökonomie auf die ständige Verbesserung der Befriedigung der materiellen und geistigen Bedürfnisse aller Mitlieder der Gesellschaft. Die Ökonomie wird Mittel zum Zweck der Bedürfnisbefriedigung, der Verwirklichung des Individuums als gesellschaftlichem Wesen und der Entfaltung der menschlichen Persönlichkeit und ihrer schöpferischen Potenzen". Der letzte Satz setzt voraus, daß die wissenschaftlich-technische Revolution einen neuen Typus Mensch hervorbringt, dem die Entfaltung seiner geistig-schöpferischen Kräfte ein aus gesellschaftlichen Notwendigkeiten hervorgehendes individuelles Ziel ist. Vgl. Politische Ökonomie des Sozialismus, a.a.O., S. 312 ff, insbesondere S. 321 f.: "Damit gewinnen neue Anforderungen wie Dispositionsvermögen, schnelles Reaktionsvermögen, Entscheidungsfähigkeit, die besonders bei automatisierten Prozessen in Konfliktsituationen erforderlich sind, als auch moralische Qualitäten wie Verantwortungsbewußtsein, hohe Arbeitsmoral, Disziplin, Gewissenhaftigkeit und andere immer

mehr an Bedeutung ... Gestützt auf hohe Allgemeinbildung und solide wissenschaftlich-technische Grundkenntnisse, ist der Werktätige in der Lage, sich die zur Meisterung des sich rasch verändernden modernen Produktionsprozesses notwendigen Kenntnisse und Fertigkeiten auf dem speziellen Gebiet seiner Tätigkeit selbständig anzueignen".

Diskussion

Helberg weist auf die technikimmanenten Werte hin, die bei aller Einbeziehung der Technik in weitere Zusammenhänge nicht unbeachtet bleiben dürften. Bei Ablehnung von fremdbestimmenden Sachzwängen dürfe man nicht übersehen, daß der Sachzwang der Naturgesetze unausweichlich sei.

Ropohl betont die hierarchische Ordnung von Werten, wobei nach seiner Meinung technikimmanente Werte ziemlich weit unten anzusetzen und als Mittel zu nächsthöheren Zwecken zu verstehen sind, was auch von den ökonomischen Werten gelte, die Mittel zu gesellschaftlichen oder individuellen Zwecken seien. Diese Zweck-Mittel-Ketten dürfe man nicht durch Konzentration auf die Perfektion von Unterzwecken abschneiden. Im Gegensatz zum Referenten hält Ropohl die Absetzung des Systems Technik vom System Wirtschaft und vom System Gesellschaft usw. für weniger günstig als die Untersuchung eines komplexen sozio-technischen Systems, in dem technische, wirtschaftliche, gesellschaftliche und politische Aspekte nur verschiedene Beispieltypen darstellen.

Die Zweck-Mittel-Relation sieht Holz als zutreffende Beschreibung der Beziehungen zwischen den verschiedenen Wertsphären an, gibt aber auf Einwendungen von Moser zu, daß diese eindimensionale Beziehung nicht ausreiche, weil die niedersten Werte gleichzeitig als Bedingung für Denkbarkeit und Verwirklichungen höherer Werte unentbehrlich sind. Er verweist hierzu auf N. Hartmanns Schichtentheorie. Die Vermutung dürfte zunächst immer für Interdependenzen zwischen Zwecken und Mitteln sprechen. Man kann daher auch nicht einfach technische Werte ökonomischen unterordnen, wenngleich unbestritten Technik auch Instrument der Wirtschaft ist.

Gegenüber Einwendungen, die Verflechtungen zwischen verschiedenen Bereichen betonen (Niederwemmer, Ropohl, Rapp),möchte Holz doch feststellen, daß zunächst Teilregionen - Technik, Wirtschaft usw. - Werte aus sich heraussetzen, die auf diese jeweiligen Regionen bezogen sind. Allerdings müssen die einzelnen Regionen sehr präzise beschrieben werden. So sei für die Bestimmung der Ökonomie nicht ein abstraktes Kostenprinzip entscheidend, sondern die Frage, welche Kostenfaktoren in die Kostenrechnung einbezogen oder auf andere Träger wie Gesellschaft und Umwelt abgewälzt werden; das sei aber genau das, was bei Marx unter dem Widerspruch zwischen gesellschaftlicher Produktion und privater Aneignung beschrieben sei.

Moser und Ropohl fragen Holz nach der im Referat postulierten ontologischen Grundlage, nach dem Metasystem aller Präferenzsysteme, das die Deduktion aus Letztwerten ermögliche. Von Kortzfleisch fragt ergänzend, wie man das Abgleiten in Ideologien und den bloßen Austausch von Glaubensbekenntnissen vermeiden könne.

Von Kortzfleisch glaubt, daß hier die Kennzeichnung der technischen Werte als objektiv und der ökonomischen als subjektiv hilfreich sein könnte. Doch auch die subjektiven Werte gelte es zu quantifizieren, zumindest durch Angabe von Stellen in Rangordnungen (von Kortzfleisch, ähnlich auch Zahn und Pfeiffer). Moser betont allerdings, daß neben die empirisch-quantitative Aufarbeitung des Phänomenbereichs auch die philosophische Durchdringung treten müsse und nicht zu kurz kommen dürfe; in dieser Feststellung sieht Holz auch seine Forderung nach "Metaphysik" ausreichend berücksichtigt. Ropohl glaubt, daß eine Kopplung metaphysischer, normativer und deskriptiver Betrachtungsweisen nur in einem systemanalytischen Ansatz zu erreichen sei. Weil die Normen nicht beliebig gesetzt werden, sondern aus Konstitutionsprozessen resultieren, muß auch die Analyse dieser Konstitutionsprozesse geleistet werden.

Moser schließt die Diskussion mit der Feststellung einer begrüßenswerten Liberalität und Offenheit im Hinblick auf Wertprobleme bei allen Gesprächsteilnehmern, die eine unvoreingenommene Erörterung ermöglichen.

Resultate der Moralphilosophie[1]

von F. Böckle, Bonn

I. Die Situation

1. Grenzen des Wachstums

Wer die letzten zweihundert Jahre abendländischer Geistes- und Kulturgeschichte überfliegt, erkennt leicht ein unablässiges Bemühen, das menschliche Zusammenleben steuerungstechnisch besser in Griff zu bekommen.[2] Die Philosophie der Aufklärung erwartet von der Beseitigung der absolutistischen Monarchie einen Neubeginn, der einer Herrschaft der Vernunft zum Durchbruch verhelfen und eine durch Vernunft gesteuerte perfekte Gesellschaftsordnung schaffen soll. Die Krönung der Göttin Vernunft zur Zeit der französischen Revolution erscheint uns zwar heute als eine etwas groteske Episode; sie wurde jedoch seiner Zeit ernst genommen als Symbol für den Willen, mit der Unvollkommenheit historisch gewachsener Zustände aufzuräumen und einen vollständigen Neubeginn zu wagen. Viele der hochgespannten Hoffnungen haben sich als Illusion erwiesen. Schon die

Bezeichnung der nachfolgenden Periode als Restaurationszeit bringt deren reaktionären Charakter und das Ziel zum Ausdruck, die zerbrochenen Traditionen wieder herzustellen. Nachdem den Philosophen die Schaffung einer neuen Welt mißlungen war, kamen rund hundert Jahre später die Naturwissenschaftler an die Reihe. Die ersten Großerfolge einer systematisch betriebenen Forschungstätigkeit führten zur Illusion, es werde der Wissenschaft in Kürze gelingen, alles zu wissen und alle Probleme der Menschheit zu lösen.[3)] Wenn Werner von Siemens 1886 vor den Naturforschern in Berlin in kühnem Optimismus prophezeite: die Naturwissenschaften werden die Menschen "moralischen und materiellen Zuständen zuführen, die besser sind, als sie je waren", weil Machtfülle der Wissenschaft die Menschheit auf "eine höhere Stufe des Daseins" erhebt, dann finden wir die Euphorie des damals herrschenden Fortschrittsglaubens reichlich naiv. Es ging auch nicht lange und Oswald Spengler glaubte, den Beweis dafür erbracht zu haben, daß das Abendland untergehen müsse. Den Philosophen und den Naturwissenschaftlern folgten die Staatsmänner als Verkünder eines neuen Zeitalters. Als Mitte 1941 die Lage im letzten Weltkrieg am hoffnungslosesten war, verkündeten Roosevelt und Churchill in der Atlantikcharta das Ziel, die Menschheit von Armut und Not zu befreien. Sie schufen damit die Grundlage für den Wachstumsglauben der Nachkriegszeit. Stellt man diesen Glauben in die Perspektive eines langfristigen Zyklus, kann es nicht überraschen, daß dem Hoch ein Tief folgt, und daß die Wachstumsideologie heute durch die Computerberechnungen über die Grenzen des Wachstums als utopischer Glaube entlarvt wird. Der Meadows-Studie kommt sicher das Verdienst zu, auf die verhängnisvollen Wechselwirkungen unkontrollierter Wachstumsprozesse alarmierend hingewiesen zu haben. Ich vermag weder zu den einzelnen Aussagen noch zur Methodik des Berichtes von meiner Wissenschaft her Stellung zu beziehen. Mit Georg Picht bin ich der (laienhaften) Meinung: "daß auf einer beschränkten Erdoberfläche mit beschränkten Ressourcen ein unbeschränktes exponentielles Wachstum nicht möglich sein kann".[4)] Für die ethischen Überlegungen gibt diese fundamentale Einsicht den Grundimpuls. Man muß sich allerdings über die Struktur jeder prognostischen Aussage bewußt sein. Robert K. Merton hat sie unter dem Stichwort der self-fulfilling Prophecy untersucht. Da die Prognose eine kritische oder therapeutische Funktion im Zusammenhang des Handelns hat, kann sie nicht eine verbindliche Voraussage dessen darstellen, was kommen wird, sondern sie kann nur darauf aufmerksam machen, was kommen kann. Diese methodische Struktur der Prognose ist den Zukunftsforschern durchaus bekannt, und deshalb formulieren sie ihre Voraussagen auch als diagnostische Hypothesen mit therapeutischer Absicht. Die Prognosen werden gewissermaßen dazu aufgestellt, damit sie widerlegt werden. Da sie sich auf eine Zukunft beziehen, die von Menschen herbeigeführt wird, tragen sie zu ihrer Gestaltung bei; das Bild von der Zukunft besitzt selbst zukunftsgestaltende Kraft. Daraus ergibt sich die Einsicht in die Notwendigkeit neuer Wert- und Zielpräferenzen. Dies scheint genau die Intention des Kommentars zu sein, den das Exekutivkomitee des Club of Rome der Meadows-Studie gegeben hat, wenn es die Menschen auffordert, neue Denkgewohnheiten zu entwickeln, welche zu einer grundsätzlichen Änderung der Gesamtstruktur der gegenwärtigen Gesellschaft führen. Das aber ist nur möglich, wenn wir zu einer Änderung der Wert- und Zielvorstellungen unserer Zivilisation bereit sind. Nicht die Thesen über die Begrenztheit von Stoffen und Energien, die sich durch chemische und physikalische Formeln erfassen lassen, so richtig und so wichtig diese sind, sondern die Einsicht, daß der Wachstumsglaube gesellschaftspolitisch in eine Sackgasse führt, ist wohl der entscheidende Punkt, den uns der Club of Rome deutlich machen will.

2. Die wissenschaftliche Begründung von Werturteilen

und damit der Wissenschaftscharakter jeder Ethik wurden in neuerer Zeit grundsätzlich in Frage gestellt. Die Unterscheidung zwischen wertfreier wissenschaftlicher Objektivität und dem existentiellen Subjektivismus der religiösen Glaubensakte der ethischen Entscheidungen führte im gesamten öffentlichen Leben zu einer Trennung zwischen öffentlichem und privatem Lebensbereich. Entsprechend entwickelte sich im öffentlichen Entscheidungsbereich ein technologischer Pragmatismus. Man kann beobachten, wie auf fast allen Sektoren des öffentlichen Lebens in der westlichen Industriegesellschaft die moralischen Begründungen der Praxis durch pragmatische

Argumente ersetzt werden, wie sie von Experten aufgrund objektivierbarer szientifisch-technologischer Regeln geliefert werden. Nun sollen diese Bemühungen keineswegs perhorresziert werden. Zweifellos kann es gelingen, aufgrund ausgedehnter Analysen durch globale Planung und Steuerung wichtige Probleme des Zusammenlebens in den Griff zu bekommen. Ja, es muß sogar mit aller Deutlichkeit gesagt werden, daß moralisierende Aussagen über die menschliche Brüderlichkeit und über die Universalität des Menschengeschlechtes zur Lösung konkreter Aufgaben wenig weiterhelfen. Es ist nicht selten diese Art einer oberflächlichen, im Grunde inhaltslosen Friedenstheologie, die den politischen Wissenschaftler ärgert oder ihn lächeln läßt. Die Erfahrung hat in der Tat deutlich genug gezeigt, daß rein spirituelle oder idealistische Erwägungen allein in gar keiner Weise im Stande sind, der Gerechtigkeit, der Freiheit, der Kommunikation zwischen Menschen und Völkern, der Solidarität zum Sieg zu verhelfen. Vor allem ist ein Universalismus, der über den partikularen Interessen zu stehen glaubt, eine wirkungslose oder gar gefährliche Abstraktion. Konkrete Projekte der Entwicklungshilfe tragen darum bis zu einem gewissen Grad notwendig politischen Charakter. Jede Ethik, die sich der Humanisierung verpflichtet weiß, muß bei ihren Aussagen und Forderungen die empirischen Erkenntnisse der Anthropologie berücksichtigen. Die physiologischen, ökonomischen, psychologischen und sozialstrukturellen Bedingungen der Möglichkeit menschlicher Existenz können nun einmal bei den Bemühungen um die Humanisierung der Gesellschaft nicht außer acht gelassen werden.

3. Die ethische Frage

Da der Mensch mehr ist, als nur die Summe seiner empirischen Bedingungen, läßt sich die ersehnte "moralische Gesellschaft", "das Reich der Brüderlichkeit" doch nicht einfach mit empirischen Methoden, sozusagen technisch verwirklichen. Das, was sittliche Freiheit in ihrem Wesen ausmacht, fällt nicht einfach mit ihren empirischen Bedingungen zusammen. Dies ist mit der Grund, weshalb heute immer mehr Menschen erkennen, daß entscheidende Fragen der Menschheit nicht ohne Übereinstimmung in Werturteilen und ohne entsprechende Verbindlichkeit von Normen gelöst werden können. Mit Normen meinen wir hier allgemeine Handlungsregulative, die in einer bestimmten Gruppe gelten (Durkheim) und die die Chance haben, Anerkennung zu finden (Max Weber). Von den zu regulierenden Handlungsbereichen her unterscheidet man heute den sogenannten Mikrobereich. Er umschließt vor allem Ehe, Familie und Nachbarschaft. Bedeutend weiter ist der Mesobereich. Zu ihm gehören die Probleme der Wirtschaft, der gerechten Verteilung von Gütern und der damit verbundenen Macht. Zu ihm gehört auch die heute viel diskutierte, programmatische Frage nach der Verbesserung der Lebensqualität für möglichst viele. Zum Makrobereich schließlich zählen die globalen, weltweiten Probleme der Menschheit, wie etwa die partielle Überbevölkerung, die Welternährung, Rassen- und Minderheitenprobleme und im weitesten Sinn die Frage nach der Stabilisierung und Sicherung des Friedens. Während wir im Mikrobereich - also etwa im Bereich der Familien-, Ehe- und Sexualmoral, dieser klassischen Sphäre der Moral, eine volle Emanzipation aus normativen Bindungen erleben, fordert man im Makrobereich klare, gemeinsam erarbeitete Wert- und Zielpräferenzen und entsprechende Entscheidungskriterien. Man ist überzeugt, daß für die großen Menschheitsfragen eine technisch beherrschte Sozialkybernetik allein nicht ausreicht. Sie erlaubt wohl, bei einem entsprechenden Input der Ziele, eine Optimierung der Mittel zu errechnen. Die Ziele selbst und vor allem die Präferenzen in den Zielen müssen aber gewählt werden. Wir können nicht abwarten und uns sozusagen jenseits der Moral aufstellen, um die verschiedenen Zielvorstellungen auszuprobieren. Gesellschaftliche Prozesse lassen sich nicht wie physikalische oder chemische Vorgänge beliebig wiederholen und experimentell prüfen. Wir müssen jetzt wissen, was wir wollen. Und wenn dies nicht selbstverständlich ist, dann müssen wir wählen und uns entscheiden. Damit ist die ethische Frage als Frage nach der Vernünftigkeit wertender Entscheidung einfach unausweichlich. Nur wenn darüber eine Einigung erzielt werden kann, ist eine solidarische Verantwortung für die gesellschaftliche Praxis möglich. So sucht man von verschiedenen Seiten her Antwort auf die Frage, in welcher Weise und bis zu welchem Grad die Begründung verbindlicher normativer Regeln möglich sei.

II. Der Beitrag einer theologischen Ethik

Ausgangspunkt der ethischen Reflexion bildet die sogenannte Handlungswirklichkeit, d.h. die Normen und Institutionen der Gesellschaft. Die Handlungswirklichkeit ist eine je schon von bestimmten Wertvorstellungen geprägte Wirklichkeit. Ich kann diese Wirklichkeit untersuchen mit dem empirischen Erkenntnismodus der Sozialwissenschaften. Dann steht nicht der Wahrheitsgehalt oder die ethische Verbindlichkeit der Handlungswirklichkeit zur Diskussion, sondern allein der empirische Tatbestand. Ich kann aber auch die in den gegebenen Institutionen und Normen implizierte wertende Vernunft zum Gegenstand eigener Reflexion und kritischer Stellungnahme machen. Genau diese Reflexion auf die Vernünftigkeit der in der Ordnung implizierten normativen Vernunft hat die Sozialethik zu leisten. Sie kann die Aufgabe nicht anders als mit den Mitteln der Vernunft lösen, indem sie die logische Struktur und den sachlichen Zusammenhang zwischen stellungnehmender Vernunft und ihren normativen Aussagen aufweist. In der Sachfrage ist sie auf die Humanwissenschaften angewiesen, die aber ohne Antwort auf die Sinnfrage die ethische

Frage nicht hinreichend (ultimativ) lösen können. Man muß wissen, oder besser gesagt, man muß sich entscheiden, was der Mensch dem Menschen sein soll. Die Antwort darauf übersteigt die ethische Fragestellung. Zur Aufgabe der Begründung konkreter ethischer Normen aber möchte ich speziell vom Standpunkt des Theologen aus drei grundsätzliche Postulate erheben.

A. Das Postulat der Ideologiefreiheit (Die Zurückweisung falscher Verabsolutierungen)

Der theologische Beitrag im Bereich des ethischen Denkens steht nicht mehr allzu hoch im Kurs. Allzuviele Zeitgenossen befürchten, Gottesglaube und entsprechend eine theologische Begründung der Ethik müsse zwangsläufig zu einer verfremdenden Heteronomie führen. Dabei liegt die eigentliche Schwierigkeit nicht darin, daß sich der Mensch in einem Gefühl gänzlicher Unabhängigkeit wägen würde, sondern darin, daß er sich als Mensch trotz seiner Abhängigkeit, trotz all seiner Verflechtungen in Welt und Gesellschaft selbst zugelastet weiß. Der Widerspruch gegen jeden Anspruch im Namen Gottes stammt nicht aus einem Grundgefühl schlechthinniger Unabhängigkeit, sondern aus dem Empfinden innerweltlicher Selbstverantwortung in der Gestaltung der Welt. Die entscheidende Frage ist, wie der Mensch diese Selbstverantwortung wahrnehmen kann, zu der er sich in seiner Freiheit aufgerufen weiß und deren Wahrnehmung gerade seine Freiheit konstituiert. Um die Tatsache menschlicher Beanspruchung und menschlicher Verantwortung weiß man, man ist gewillt, sie wahrzunehmen, aber man will dies nur unter dem Anspruch der menschlichen Vernunft selbst.

Dieser unbedingte Anspruch der Vernunft verlangt nun freilich, daß sich die Vernunft selbst nicht widersprüchlich vollziehen darf; und hier liegt die Schwierigkeit. Wir meinen nämlich in der Tat, unwidersprüchlich könne sich die dem Menschen zustehende Autonomie nur auslegen, wenn der Mensch weder sich selbst als Individuum noch die Gesellschaft, zu der er gehört, absolut setzt. Unwidersprüchlich bleibt der Mensch nur, wenn er seine immanenten Grenzen sieht und respektiert. Wer glaubt, den umfassenden Sinn der Geschichte in seine operative Theorie miteinbringen zu können, muß zwangsläufig ideologisch totalitär werden. Der Philosoph kann die grundsätzliche Offenheit des Menschen, das

Nicht-in-sich-selbst-Haben des umfassenden Sinns erkennend feststellen. Der Theologe kann dieser Erkenntnis gegenüber nur erklären, daß sie durch seinen Schöpfungsglauben nicht aufgehoben, sondern durch sein Verständnis des Menschen als Kreatur noch umfassender gedeutet und begründet werde. Denn dieser Glaube bekennt das gleiche, wenn er erklärt, der Mensch sei in einem nicht mit ihm selbst identischen, sondern ihn übersteigenden letzten Grund sinnverankert. Und gerade diese Verankerung begründe des Menschen wahre Autonomie als sittliches Wesen. Was wir hier sagen, ist nicht eine Erfindung der modernen Theologie. Bereits Thomas von Aquin sieht die besondere Auszeichnung des Menschen in der Tatsache, daß er durch seine geistige Natur dazu bestimmt ist, sich denkend und handelnd in der Welt zurecht zu finden.

Wolfgang Kluxen hat in seiner Studie zur philosophischen Ethik bei Thomas deutlich darauf hingewiesen, daß eine "praktisch bedeutsame" metaphysische Erkenntnis noch keine praktische Erkenntnis sei. "Wenn ... die spekulative Vernunft im Gang der metaphysischen Erkenntnis den Menschen mitsamt dem Bereich seines Seinkönnens als in einer Gesamtordnung stehend begreift, die auf

Gott hin ist, so ist diese Erkenntnis ... für das Handeln 'bedeutsam', sofern Ordnen im menschlichen Bereich etwas sinnvoller erscheint, wenn dieses einer Gesamtordnung eingegliedert ist; aber unmittelbar handlungsregelnd ist sie nicht, da die spekulativ erfaßte Ordnung nicht wirkbar, nicht 'aufgegeben' ist."[5] Diese Feststellung scheint mir fundamental für das Verständnis der Lehre von der "lex naturalis" im Gesetzestraktat der Summa Theologiae (I-II, 91-94). Was Thomas hier entfaltet, ist nicht ein Stück praktischer Philosophie, hier geht es nicht um den Aufweis allgemeinster inhaltlicher Handlungsnormen. Hier wird vielmehr in einer spekulativen Form die normative Vernunft in die Gesamtordnung des sittlichen Subjekts und dieses selbst in die umfassende Ordnung der Schöpfung eingegliedert. Insofern fügen sich die Überlegungen ganz in die Systematik der Prima Secundae ein, die unter dem Leitmotiv der Rückführung der Kreatur zu Gott steht. Erst im Rahmen einer solchen Metaphysik des sittlichen Handelns wird die Eigenart der ethischen Aufgabe, d.h. die Darstellung verbindlicher Tugendhaltungen und sittlicher Normen voll verständlich.

Thomas übernimmt zwar aus der von Plato über Cicero und Augustin führenden Tradition den Gedanken der Teilhabe der menschlichen Vernunft an der göttlichen Vernunft (an der "ratio gubernativa in mente divina"); er hat aber diesen Gedanken in ganz entscheidender Weise umgeformt. Das entscheidend Neue liegt in der Betonung des Subjektseins des Menschen. Des Menschen einzigartige Würde liegt in seiner aktiven Teilnahme an der göttlichen Weltlenkung. Er ist im Rahmen seiner kreatürlichen Vernunft sich selbst zugelastet. Er hat an der göttlichen Vorsehung Anteil, indem er dazu bestimmt ist (und diese seine Bestimmung auch erfaßt), daß er vernünftigerweise für sich und andere vorsorgen muß.[6)] Der Mensch wird nicht wie die vernunftlose Kreatur bloß durch natürliche Neigungen und Triebe zu seinen Zielen gelenkt; darin ist sich Thomas mit der Tradition einig. Im Gegensatz zu Augustinus kennt er aber auch keine unmittelbar-direkte Einstrahlung und Erleuchtung von göttlichen Ideen. Thomas spricht wohl von der "Impressio" oder "Irradiatio" des göttlichen Lichtes oder der Weisheit, aber diese "Irradiatio" vollzieht sich "allein auf dem Weg über die Erkenntnis der Schöpfung als des 'effectus' der göttlichen Wirksamkeit, womit Thomas den neuplatonischen Begriff von der aristotelischen Erkenntnistheorie her umdeutet und damit erneut seinen Sinn für die irdischen Realitäten beweist."[7] Das natürliche Sittengesetz liegt darum nach seiner Konzeption nicht in einer Lenkung der menschlichen Vernunft durch die göttliche Vernunft mittels eines angeborenen Prinzips. Selbst das erste sittliche Prinzip (bonum faciendum malum vitandum) gewinnt der Mensch durch die Tätigkeit seiner Vernunft. Dabei ist die Erfahrung zwar nicht die Quelle des Prinzips, aber das Mittel für sein Erfassen. Wenn es einmal durch die Erfahrung zum Bewußtsein gekommen ist, erweist es sich als unmittelbar einsichtig. Die Teilnahme des Menschen an der göttlichen Vorsehung (am ewigen Gesetz) liegt daher in der natürlichen Neigung der praktischen Vernunft zu normsetzender Aktivität[8] im Hinblick auf seine aufgegebene Vollendung und Erfüllung. Diese Art von Teilnahme und nur diese bezeichnet Thomas als natürliches Sittengesetz.[9] Daß der Mensch ein sich selbst aufgegebenes sittliches Wesen ist, führt Thomas selbstverständlich auch auf Gott zurück. Dieses So-Sein der Vernunftnatur würde er aber nur im uneigentlichen Sinn als Teilhabe an der Vorsehung bezeichnen.[10]

Der Gesetzescharakter des natürlichen Sittengesetzes liegt in der natürlichen Aktivität der praktischen Vernunft (ordinatio rationis), mit der sie grundlegend erfaßt, daß das Gute das ist, was sein soll, das Böse das, was nicht sein soll.[11] Durch diese spekulative Rückführung der stellungnehmenden (wertenden) Vernunft auf ihren letzten transzendenten Grund wird die Struktur solcher Vernunft selbst nicht verändert. Wohl bekommt der Anspruch zur vernünftigen Selbstverwirklichung durch die Begründung in der lex aeterna einen unbedingten Charakter.[12] Ja, man wird im Hinblick auf die gegenwärtige Ethikdiskussion sagen müssen, daß ein solch unbedingter (kategorischer Sollensanspruch) überhaupt nur durch eine theonome Legitimation zwingend begründet werden kann. Ein immanenter Humanismus kann im Prinzip logisch nur zu einer hypothetischen Forderung führen.[13] Neueste Versuche sehen im Apriori der menschlichen Kommunikations- resp. Argumentationsgemeinschaft einen notwendigen und hinreichenden Grund für die Stimmigkeit und den Zusammenhang ihres Argumentierens.[14] Auf der Erfahrungsebene scheint der Anspruch auf Respektierung der Argumente jedes Teilnehmers auch als unbedingte Forderung jedes Teilnahmewilligen einsichtig. Formallogisch bleibt sie allerdings hypothetisch, weil formal immer noch gilt: "Wenn Teilnahmewille, dann Respektierung der Argumente". Dies macht uns deutlich, daß es eben für den Erfahrungsbereich des Menschen keinen Ansatz gibt, der logisch absolut wäre. Das ist die philosophische Einsicht in das Nicht-zur-Verfügung-Haben eines absoluten Sinnes.[15)] Die theologische Reflexion nimmt in ihrer Deutung des Menschen als Kreatur diese philosophische Erklärung in ihre Überlegungen auf. Wenn sie dabei die Vernunft als kreatürlich zu verstehen sucht, ändert sich damit nichts an der Struktur der Vernunft. Sie bestätigt positiv die anthropologische Annahme, daß der Mensch sich selbst weder als Individuum noch als Kollektiv verabsolutieren darf. Im Rahmen dieser Kontingenzerfahrung hat er seinen Freiheitsvollzug zu verwirklichen.[16)] Theonome Legitimation des Sollensanspruchs bedeutet daher nicht irgendeine Absolutsetzung kategorial-sittlichen Verhaltens und der es regelnden Normen, sondern als Aussage über die unbedingte Beanspruchung im ganzen des sittlichen Lebens gerade den Vorbehalt gegen jegliche Verabsolutierung des Kategorialen. Die Annahme der Kontingenz im gläubigen Bekenntnis menschlicher Kreatürlichkeit wird sich dann freilich auf die konkreten Werturteile bei der Normbildung auswirken, doch sind dies eben Konsequenzen, die auch von der anthropologischen Kontingenzerfahrung her zumindest als sinnvoll erscheinen. Entscheidend scheint mir die Erkenntnis, daß ein konsequentes theonomes System, das den letzten Anspruch aus der Transzendenz begründet, im Bereich der kategorialen Sittlichkeit nicht anders, denn teleologisch argumentieren kann. In einem theonomen System suchen wir das Gute als das letztbegründende Ziel in den verschiedenen Gütern. Für das Gute müssen wir uns entscheiden, zwischen den Gütern haben wir nach Vorzugsregeln eine Wahl zu treffen. Sie sowie die daraus abgeleiteten Verallgemeinerungen (Normen) können nur teleologisch begründet sein. Es ist das unbestreitbare Verdienst von B. Schüller, aufgewiesen zu haben, daß die Tradition der katholischen Moraltheologie in ihren ethischen Argumenten völlig dem teleologischen Typus folgt.

B. Das Postulat der naturalen und geschichtlichen Unbeliebigkeit sittlicher Werturteile

Wir kennen in unserer Erfahrungswelt keinen absoluten Wert, von dem wir sagen könnten, daß im Vergleich dazu kein vorzugswürdigeres Gut gedacht werden könnte. Diese Bedingtheit aller Werte, die uns konkret zur Wahl stehen können, ist der Grund, weshalb kein einziger davon unser Handeln unabhängig von den Folgen (deontologisch) bestimmen könnte. Pluralität und Kontingenz der Werte bedeuten aber keine willkürliche Beliebigkeit der Wahl, so daß im Prinzip jeder Entscheid richtig oder falsch sein könnte, sofern er nur stimmig in ein entsprechendes System eingebracht würde. Wir bekennen uns hier nicht zu einem beliebig offenen Systempluralismus, der sich bestenfalls einer metaethischen Kontrolle der inneren logischen Stimmigkeit des jeweiligen Systems unterwirft. Ein Rekurs auf die Natur, d.h. auf den Bedingungsspielraum anthropologischen Seins, ist nicht nur nach wie vor angezeigt, sondern heute unter viel besseren humanwissenschaftlichen Erkenntnissen möglich. W. Korff weist in seinen Untersuchungen zur Logik normativer Vernunft[17)] auf die Unbeliebigkeit anthropologisch gründender Vernunft hin. "Anthropologisch gründende Vernunft" besagt den Inbegriff in jener strukturimmanenten Logik, in der sich die Wirklichkeit des Menschen in der Vielfalt seiner biophysischen, sozialen und geistigen Bezüge aufweist. Unter kritischer Inanspruchnahme einer umfassenden Fülle von Forschungsergebnissen der empirischen Humanwissenschaften zeichnet Korff das naturale Antriebsregelsysten, das der Vernunft zur Gestaltung aufgegeben ist, und das zugleich den Spielraum möglicher Moralen eingrenzt. Biophysische Strukturen prädisponieren sowohl den inneren Aufbau menschlicher Personalität als auch die Formen menschlicher Vergesellschaftung. In naturaler Unbeliebigkeit erscheint der Mensch dem Menschen immer als Bedürfniswesen, als Aggressor und als Fürsorger zugleich. Diese strukturelle Grundlage bildet natürlich selbst noch keine sittliche Norm. Korff sieht aber darin eine Art "Metanorm", einen Strukturfahrplan für alle Formen konkreter Sozialität. Der Mensch als sich selbst aufgegebenes Wesen gelangt erst kraft der von ihm geschaffenen Normen, Institutionen und rechtlich-politischen Ornungen zum Stand seines Menschseins. Diese Normen können ihn aber nur zu seinem humanen Sein hin befreien, wenn sie sich als Funktion und Produkt der Vernunft seiner naturalen Antriebsstrukturen erweisen. Jede Sozialethik ist darum eingebunden in ein Fließgleichgewicht, in eine Art Perichorese von sachhaft-bedürfnisgerichtetem, konkurrierendem und selbstlosfürsorgendem Verhalten. Die Notwendigkeit eines solchen Fließgleichgewichts als Grundlage des menschlichen Zusammenlebens weist deutlich auf eine naturale Unbeliebigkeit der Sozialordnung hin, die bei der Ausformung jedes sinnvollen Normensystems berücksichtigt werden muß. Dabei ist es durchaus möglich, einem bestimmten Element, etwa dem sachhaft-bedürfnisgerichteten in einer Sachmoral oder dem konkurrierenden in einer Gerechtigkeitsethik oder dem selbstlos-fürsorgenden in einer personalen Liebesethik den Vorzug zu geben. Darauf beruht die Möglichkeit einer gewissen Pluralität von Ethiksystemen, die allerdings dadurch eingegrenzt ist, daß jedes System alle drei Gesichtspunkte mitberücksichtigen muß. Für die christliche Ethik ergibt sich der letzte einheitsstiftende Bezug sowie die Prädominanz der selbstlos-fürsorgenden Beziehung (Liebe) durch den im Glauben bekannten Bezug Gottes zum Menschen.

Zur naturalen Unbeliebigkeit sittlicher Vernunft gesellt sich die Unbeliebigkeit, oder besser gesagt, die Unumkehrbarkeit geschichtlicher Erkenntnis- und Kulturprozesse.[18] Bei aller naturalen Angelegtheit sind solche Prozesse durchgängig bestimmt durch bereits vorgegebene normative Aussagen. Der einzelne, der innerhalb eines solchen Prozesses in die Reflexion eingeschaltet wird, ist immer schon getragen von einer ganzen Reihe geschichtlich vorgängiger Überlegungen. Darin liegt gewiß die Gefahrenquelle einer falschen Stagnation. Darin liegt aber auch ein unveräusserliches Element der Kontinuität. Es gibt in der geschichtlichen Entwicklung des menschlichen Selbst- und Weltverständnisses durchaus fortschreitende Einsichten, hinter die der Mensch nicht mehr zurückkann, wenn er sein Leben vernünftig human gestalten soll. Man denke etwa an die Deklaration der Menschenrechte. So wird die mit dem geschichtlichen Wandel bedingte Diskontinuität ethischer Normen von dem Kontinuum eines unumkehrbaren Erkenntnisprozesses durchgetragen. In der Geistes- und Kulturgeschichte des Abendlandes ist dieser Prozeß ohne die "Wirkgeschichte des Evangeliums" nicht denkbar. Desgleichen ist aber auch die Theologiegeschichte nicht denkbar ohne die Geistesgeschichte. In diesem gegenseitigen Bedingungsverhältnis sind Einsichten gewonnen worden, die für das zwischenmenschliche Verhalten von bleibender Bedeutung sind und die in den bereits erwähnten Menschenrechten ihren Niederschlag gefunden haben.

C. Das Postulat der Vorläufigkeit

Das Nicht-gegeben-sein des totalen Sinns der Geschichte bildet den ontologischen Grund für einen prinzipiellen Vorbehalt jeder Futurologie. Metz hat in seiner politischen Theologie diesen eschatologischen Vorbehalt angemeldet. Er hat lange Zeit nicht präzisiert, worin dieser Vorbehalt bestehe, und wie er sich auf der Ebene des Handelns auswirke. Zur Beantwortung dieser Frage stehen meines Erachtens zwei Wege offen. Entweder man begründet den Vorbehalt mit einem "Glauben an den Menschen". In transzendental-philosophischer Reflexion läßt sich vielleicht die innerweltliche Erfahrung der Unsicherheit als Verwiesenheit des Menschen auf die Mitmenschlichkeit erweisen. In der Offenheit, im Respekt vor der mitmenschlichen Würde könnte dann so etwas wie ein Vorbehalt in der geschichtlichen Zukunftsplanung liegen.

Oder man sieht mit dem christlichen Glauben die letzte Wurzel, den Urgrund für den eschatologischen Vorbehalt im Glauben an den transzendenten Gott und die Offenbarung seiner Liebe zu den Menschen. "Die christliche Botschaft beginnt und endet mit der Offenbarung, daß der unendliche Gott den Menschen unendlich liebt." (H.U. von Balthasar) Weil der Christ an diese Liebe glaubt, glaubt er an den Menschen, erkennt er seine Not und seine Würde. Und wir meinen, daß in der Tat nur dieser Glaube davor bewahrt, daß am Ende nicht doch wieder die Integrität des Individuums einer planend-operativen Futurologie zum Opfer fällt.

Unter dieser Voraussetzung aber erweist sich jetzt die Frage nach dem eschatologischen Vorbehalt als identisch mit der Frage nach dem Proprium einer christlichen Ethik. Für die nähere Bestimmung dieses Propriums bleibt zunächst festzustellen, daß die christliche Offenbarung keine nur im Glauben verstehbare Normen vermittelt, die dann in einer christlichen Entik zu den vernünftigen innerweltlichen Normen hinzugerechnet werden müssen. In der Kategorie geltender vernünftiger Normen wird hier nichts hinzugefügt. In diesem Sinn gibt es keine spezifisch christliche Materialethik. Das Christentum kennt keine Exklusivnormen; die Exegeten zeigen uns, daß auch die Bibel keine sittlichen Vorschriften kennt, die man nicht auch außerbiblisch aufweisen könnte. Da ethische Werturteile grundsätzlich verstehbar sein müssen, gilt die Intelligibilität für jede Ethik. Das Eigentümliche christlicher Ethik ist darum nicht in der Exklusivität einzelner Normsätze zu suchen, sondern schon eher in einem spezifischen Zusammenhang, der durch den Glauben begründet wird und den einzelnen (intelligiblen) Normsätzen einen bestimmten Stellenwert gibt. Man könnte in diesem Sinn eher von einem gruppenspezifischen Ethos der Christen sprechen. Dies bedeutet, daß das Dispositionsfeld der zur Normbildung wie zur sittlichen Entscheidung notwendigen Güterabwägung durch die Glaubenseinsicht modifiziert werden kann. Dahinter steckt unter Umständen ein langer dynamischer Erkenntnisprozeß, bei dem Glaube und allgemeine menschliche Erkenntnis letztlich untrennbar zusammenwirken. Ich möchte diese Frage an dem Beispiel der Gesundheitsplanung veranschaulichen.

Kaum auf einem anderen Gebiet sind die Erwartungen der Futurologie des Menschen größer als im Bereich der Gesundheitsplanung. Die Erkenntnisse der Hygiene, die Möglichkeiten der Immunisierung, die Molekularbiologie und die Entwicklungen auf dem Gebiet der Chirurgie und der Narkosetechnik haben unser Leben mehr verbessert als irgendein Faktor. In mehr als einer Beziehung sind die kühnsten Visionen der zukunftsgläubigen Forscher des 19. Jahrhunderts tatsächlich in Erfüllung gegangen. Wenn Virchow 1871 vor den Naturforschern in Rostock "ein Bild von der großen einheitlichen Ordnung der Welt" entwarf, so ist es der modernen Naturwissenschaft tatsächlich gelungen, davon Kunde zu geben, indem sie die Grundstruktur aller Lebewesen in der Desoxyribonukleinsäure aufdeckte und in mathematischer Formel die Grundstruktur aller Natur zu fassen sucht. Gerade diese epochale Entdeckung des genetischen Programms offenbart uns aber auch eine eigenartige Ambivalenz. Einerseits gibt die Kenntnis der DNS dem Menschen bisher ungeahnte Möglichkeiten der Planung durchaus auch im Sinne der Verbesserung der Lebensqualität. Die aber nun andererseits mit der DNS ebenfalls gegebene Erkenntnis der Möglichkeit unvorhersehbarer Mutationen zeigt uns auch, daß eine totale Gesundheitsplanung in den Bereich der Utopie

gehört. Wenn wir bedenken, daß bei fast allen Krankheiten genetische Faktoren mit im Spiele sein können, so ergibt sich vom humangenetischen Standpunkt aus die Erkenntnis, daß Krankheiten in letztlich unaufhebbarer Weise zur konkreten Existenz des geschichtlichen Menschen gehören. Eine realistische Wissenschaft bestätigt damit die uralte Erfahrung der Menschheit. Diese Einsicht muß uns in gleicher Weise vor müder Resignation wir vor einem hybriden Glauben an eine totale Leiblosigkeit bewahren. "Der Zustand völligen körperlichen, geistigen und sozialen Wohlbefindens und nicht nur das Freisein von Krankheit und Gebrechen" - wie die WHO die Gesundheit definiert - wird nie für alle Glieder unserer Gesellschaft erreichbar sein.
Diese Erkenntnis darf uns nicht davon abhalten, alles einzusetzen, unsere Gesellschaft diesem Zustand so nahe als möglich zu bringen. Es spricht durchaus ein berechtigtes Anliegen aus den provokativen Formulierungen der Gesundheitsplaner, wenn sie sagen: "Der alte Arzt heilt Krankheiten, der neue Arzt macht gesund; der alte Arzt forscht nach der Ätiologie der Krankheiten, der neue sucht nach den Wurzeln der Gesundheit; der alte Arzt erstrebt eine Diagnose, der neue Arzt bedenkt die soziale Matrix;

der alte Arzt beschäftigt sich mit dem einzelnen, der neue Arzt mit den Millionen; der alte Arzt untersucht den einzelnen auf Wunsch, der neue Arzt untersucht alle periodisch." (Korte) Planung und Einsatz für eine bessere Verwirklichung des von der WHO befürworteten Gesundheitszustandes ist eines der humansten Ziele. Es bleibt aber nur so lange human, als es in den dieser Humanität immanent gesetzten Grenzen bleibt. Man wird darum scharfen Protest anmelden, wenn man in dem gleichen Bericht über die Aufgaben der Gesundheitsplanung liest: "Der alte Arzt sieht in der Krankheit etwas Schicksalhaftes, der neue Arzt eine Schlamperei". Bei den vorher zitierten Gegensätzen kann man von verschiedenen Akzentuierungen sprechen. Aus diesem letzten Satz spricht eine falsche Alternative. Die Krankheit ist weder einfach Schicksal noch braucht sie auf einer Schlamperei zu beruhen. Solche Formulierungen sind gefährlich, weil sie leicht zu falschen Wertsetzungen führen. Die Meinung von der grundsätzlichen Überwindbarkeit aller Krankheiten führt im sozialen Kontext leicht zu einer Überschätzung der Gesunden und vor allem zu einer Abwertung der nicht mehr oder noch nicht rehabilitierbaren Kranken. Der nicht rehabilitierte Kranke wird dann für die moderne Gesellschaft sehr bald zu einer Last, die der Allgemeinheit auf der Tasche liegt. "Der Mensch jedoch, der mehr kostet als er wert ist, wird von einer folgerichtigen Hygiene ebenso fallen gelassen wir von einer folgerichtigen Volkswirtschaft". (B. Shaw, The Doctor's Dilemma) Ein schrecklich zynischer Satz, dessen Wirklichkeit wir schon einmal erlebt haben. Die empirische Erkenntnis der Grenzen menschlichen Planens bestätigt eine uralte Menschheitserfahrung, mit der sich alle Religionen beschäftigt haben. Das Christentum sieht in der Überwindung von Leid und Tod das der Menschheit verheißene Zukunftsziel, dessen realer Anfang bereits in dieser Geschichte gesetzt ist und den Menschen zum entsprechenden Einsatz fordert. Der christliche Glaube weist aber auch darauf hin, daß Leiden (suffering) und Tod eine Dimension haben, die von der technokratischen Eliminierung von physischem Schmerz (pain) und durch die Prolongierung des Lebens nicht getroffen wird. Der Mensch erhält seinen Wert nicht durch die Funktionen, die er in der Gesellschaft ausübt. Er ist nicht etwa deshalb wertvoll, weil er im Beruf etwas leistet, weil er den Wirtschaftsprozeß fördert, weil er Vater mehrerer Kinder ist, kurz weil er in irgendeiner Weise für die Gesellschaft unentbehrlich ist. Nein, er ist vor all diesen Relationen und sogar außerhalb ihrer unendlich wertvoll, auch und gerade dann, wenn er in diesen Relationen nichts mehr bedeutet, wenn er einsam, alt, schwer krank und hilflos ist; wenn er vielleicht keinem mehr zu nutzen vermag und keinem mehr zur Freude lebt. Darin trifft sich das Christentum heute mit der Grundauffassung vom Menschen in allen freiheitlichen Rechts- und Kulturstaaten.

Damit sind wir abschließend zurückverwiesen auf den eschatologischen Vorbehalt, den wir von J.B. Metz übernommen und hier eingeführt haben. Metz hat inzwischen den eschatologischen Vorbehalt inhaltlich zu füllen versucht, indem er auf die memoria passionis verweist. Im Mittelpunkt christlichen Glaubens steht das Gedächtnis an den gekreuzigten und auferstandenen Christus. Mit der Erinnerung an sein stellvertretendes Leiden für alle optiert der Glaube für ein Verständnis von Geschichte, das von der Erinnerung an das geschichtlich angehäufte menschliche Leid bestimmt wird. Das Gedächtnis des Leidens hat insofern einen subversiven Zug, als es Geschichte und

Zukunft unter der Perspektive einer Anti-Geschichte begreift. Sie wendet sich gegen die Strategie der Sieger, welche die Geschichte determinieren und planvoll zu einem Ziel bringen wollen, aber gerade damit Leid verbreiten und den Beherrschten die Zukunft nehmen. Das Christentum eröffnet in utopischer Antizipation eine konkrete Zukunft der Leidenden, der Besiegten und der Hoffnungslosen. Die Erfahrung der Leidensgeschichte soll den Menschen sensibilisieren für das Leiden der anderen, das nur so aufgehoben werden kann. So wird in der Theologie des Kreuzes eine befreiende Macht sichtbar, die über die bloß planende Emanzipation hinausführen könnte.

Anmerkungen

1) Der Vortrag entspricht in weiten Teilen dem Referat, das der Verfasser beim Forschungsgespräch der katholischen Akademie "Die Wolfsburg", Mülheim (Ruhr), im Februar 1974, gehalten hat und das auch im Rahmen der Forschungsgespräche der "Wolfsburg" veröffentlicht wird.

2) Vgl. A.C. Brunner, Neue Leitbilder für Wirtschaft und Gesellschaft, in: NZZ, Fernausgabe, Nr. 5 vom 6. Jan. 1974, S. 33

3) Vgl. H. Schipperges, Utopien der Medizin. Geschichte und Kritik der ärztlichen Ideologie des 19. Jahrhunderts, Salzburg 1968

4) G. Picht, Wir brauchen neue Überzeugungen. Von der Wechselwirkung zwischen Wachstum und Werten, in: Ev.Kommentare 6(1973) 29

5) W. Kluxen, Philosophische Ethik bei Thomas von Aquin (Walberberger Studien, Phil. Reihe, Bd. II), Mainz 1964, 62 f.

6) I-II,91,2: "Inter cetera autem rationalis creatura excellentiori quodam modo divinae providentiae subiacet, inquantum et ipsa fit providentiae particeps, sibi ipsi et aliis providens".

7) U. Kühn, Via caritatis, 146, mit Hinweis auf I-II,93,2 ad 1 und entsprechender kritischer Distanzierung von M. Wittmann

8) Vgl. I-II,91,2: "Unde et in ipsa participatur ratio aeterna, per quam habet naturalem inclinationem ad debitum actum et finem." Thomas spricht vom Menschen im artspezifischen Sinn und vom Sittengesetz, also nicht vom Individuum und seiner sittlichen Einzelentscheidung; darum ist wohl mit dem debitus actus, mit dem er für sich und andere sorgt, die "normsetzende Aktivität" gemeint. Vgl. D. Mongillo, L'elemento primario della legge naturale in S. Tommaso, in: La legge naturale, Bologna 1970, 118

9) Vgl. ebd. "talis participatio legis aeternae in rationali creatura lex naturalis dicitur".

10) Vgl. I-II,90,1. Ein Gesetz ist immer "aliquid constitutum" per rationem (ad 2), d.h. weder die ratio selbst noch der Verstandesakt, sondern das, was vom Gesetzgeber konstitutiert wird, und zwar insofern es von ihm konstituiert wird: die ordinatio. Im eigentlichen Sinn kann man vom Gesetz sprechen, sofern es im Gesetzgeber als Ausdruck seiner ordnenden Vernunft existiert ("in mensurante ... per hunc modum lex est in ratione sola", ad 1). Sofern das Gesetz außerhalb der regulierenden Vernunft im Regulierten (in regulato) in der Form einer Neigung oder eines Triebes existiert, will Thomas nicht mehr im eigentlichen Sinn von Gesetz sprechen ("sed quasi participative ... hoc modo inclinatio ipsa membrorum ... lex membrorum vocatur", ad 1).

11) Insofern ist es "aliquid per rationem constitutum", I-II,94,1.

12) Im Verständnis des Schöpfungsglaubens ist der unbedingte Sollensanspruch nichts anderes als die Abhängigkeit eines personal freien Selbst, das in dieser seiner Freiheit total beansprucht ist, über sich in Freiheit zu verfügen.

13) Der Versuch, auf philosophischem Weg die Geltung eines apriorischen Prinzips zu erweisen, müßte eigens diskutiert werden. Nachdem schon G.E.Moore Kant vorgeworfen hat, in seiner Begründung des Kategorischen Imperativs einem naturalistischen Fehlschluß unterlegen zu sein, wird dieser Vorwurf neuestens von K.-H. Ilting bestätigt. (K.-H. Ilting, Der naturalistische Fehlschluß bei Kant, in: M. Riedel (Hrsg.), Rehabilitierung der praktischen Philosophie, Bd. I, Freiburg 1972, 113-130). Kant vermag wohl zu erklären, warum der Anspruch auf Anerkennung, der mit dem Kategorischen Imperativ verbunden ist, dem Normadressaten als etwas Nötigendes erscheint; die Argumentation Kants enthält aber "keine Rechtfertigung der Forderung, daß jedes Vernunftwesen den kategorischen Imperativ als eine allen gemeinsame Grundnorm anerkennen sollte" (123). Dies kann wohl nur aus einem Akt der Übernahme von Verantwortung geschehen. "Das Problem einer universalen Verpflichtung durch das moralische Gesetz läuft also auf die Frage hinaus, ob wir mit Recht annehmen, daß jedes Individuum, das zur Anerkennung des Moralgesetzes aufgerufen wird, durch 'die Tat' erklärt hat, es wolle als Mitglied jener Gemeinschaft von Vernunftwesen angesehen wer werden, deren Grundnorm das Moralgesetz ist" (129).

14) Vgl. O. Schwemmer, Philosophie der Praxis. Versuch zur Grundlegung einer Lehre vom moralischen Argumentieren, Frankfurt 1971. Das Moralprinzip kann nicht als konstitutive Leistung des Einzelbewußtseins verstanden werden. Es bildet gleichsam das Apriori der Kommunikationsgemeinschaft. Es kann - wie alle Prinzipien - nur "aufgrund der Teilnahme an der gemeinsamen Praxis, in der sie aufgestellt werden, einsichtig gemacht werden" (195).

15) Vgl. H. Lübbe, Theorie und Entscheidung, Studien zum Primat der praktischen Vernunft, Freiburg 1971, bes.: Zur Theorie der Entscheidung, 7-31. Konsequenterweise müßte man dann auf eine logische Letztbegründung des sittlichen Anspruchs verzichten und sich mit einer pragmatischen Legitimation begnügen. Der Anspruch scheint ultimativ weder aus "Werten an sich" noch aus einer formal-logischen Analyse der Moralsprache, noch aus einer transzendental-philosophischen Bewußtseinstheorie begründbar sein. Versuche dazu zeigen erhebliche Schwierigkeiten. Vgl. I. Craemer-Ruegenberg, Über methodische Schwierigkeiten bei der Auslegung von moralischen Werturteilen, in: M. Riedel (Hrsg.), Rehabilitierung der praktischen Philosophie, 133-158.

16) Der unbedingte Anspruch, den der Mensch in seiner Freiheit erfährt, muß in kontigenten Einzelakten vollzogen werden. Dabei bleibt das konkrete Tun in seiner Intelligibilität auf den totalen Sinn menschlicher Vernunft hin offen. "Der sittliche Vollzug einer Einzelhandlung qualifiziert

den ganzen Menschen, insofern er als Subjekt dieser Handlung sich selbst als Person aktuiert und sich in seiner Bedingtheit annimmt oder nicht annimmt. Durch die sittliche Einzelhandlung kommt die menschliche Person von ihrer Berufung zum Sich-Entscheiden in Freiheit und zum Entschieden-Sein in Freiheit" (J. Fuchs, Moraltheologie und Dogmatik, in: Gregorianum vol. 50 (1969)699). Die Absolutheit in der Beanspruchung kommt also nicht aus der Einzelhandlung, sondern aus der Beanspruchung des kontingenten Menschen durch den absoluten Gott.

17) Vgl. W. Korff, Norm und Sittlichkeit. Untersuchungen zur Logik der normativen Vernunft, Mainz 1973

18) Vgl. F. Böckle, Die kulturgeschichtliche Bedingtheit theologisch-ethischer Normen, in: H. Trümpy, Kontinuität - Diskontinuität in den Geisteswissenschaften, Darmstadt 1973

Diskussion

Im vorgetragenen Ansatz sieht Rapp ähnlich wie bei Hegel eine radikale Historisierung der Theologie. Man müsse aber fragen, ob es nicht doch auch etwas gebe, das der Beliebigkeit absolut enthoben ist. Vielleicht sei das der Stand, hinter den man im abendländischen Kulturkreis nicht zurückgehen kann.

Böckle stellt fest, daß es für ihn tatsächlich um eine Historisierung geht. Im Bereich der Ethik sei er geneigt, den Schritt in die Geschichtlichkeit radikal zu vollziehen. Material-inhaltlich hat das Christentum nach seiner Meinung zum Sittlichen nichts hinzugefügt; es scheint nur bestätigt zu haben, was die Vernunft sagt. Vielleicht sei der deutsche Idealismus eher für die Verabsolutierungen im Material-Ethischen verantwortlich.

Hierauf fragt Rapp nach der Funktion der Theologie, die offensichtlich nur im Nachhinein verziere und absichere, was der Mensch schon als innerweltlich autonomes Wesen als richtig erkenne und tue. Darauf aber könne man durchaus verzichten.

Auch für den Gläubigen genügt nach Meinung Böckles die Begründung des Sollens durch das Apriori der Kommunikationsgemeinschaft, da es keinen vernünftigen Grund dafür gibt, nicht an der Kommunikation teilhaben zu wollen.

Auf Helbergs Frage, ob solche Kommunikation Erlaubtes und Verbotenes mit Sicherheit bestimmen könne, erklärt Böckle, daß dieser Anspruch davon ausgehe, daß der einzige uns zugängliche Ansatz für eine ethische Diskussion im Diskurs der Menschen und im Austausch der Argumente liegen könne.

Nachdem Moser den menschlichen Verstand als entscheidende Instanz herausgestellt hat, präzisiert Böckle die sittliche Vernunft oder die kritische Rationalität, mittels derer die Argumente innerhalb der menschlichen Kommunikationsgemeinschaft ausgetauscht werden. Er verweist auf das Apriori, das damit gesetzt wird: Ich muß an dieser Kommunikationsgemeinschaft teilnehmen, und sie kann an mein Verhalten Erwartungen richten. Nicht teilhaben zu wollen, ist der Standpunkt der Widervernunft, ist Handeln gegen das natürliche Sittengesetz. Das Sich-Widersprechen ist das Widergöttliche, das Widertheologische.

Lenk glaubt nicht, daß die Idee von den Apriori-Kommunikationsgemeinschaften eine echte letzte Begründung liefern kann; er sieht darin schlicht eine notwendige Bedingung für rationales Diskutieren; allerdings können Regeln der Kommunikationsstrategie durchaus ethisch-kulturgeschichtlich wirksam werden. - Unbedingt stimmt Lenk dem Antiabsolutismus oder dem Postulat der Ideologiefreiheit zu.

Nach einer Informationsfrage von Lenk zum Problem des Zusammenhanges zwischen Mikro- und Makromoralproblem verweist Böckle auf Untersuchungs- und Umfrageergebnisse zu Synoden und anderen Gremien. Die Auswertung habe erst begonnen. Seine Hypothese sei, daß nicht die Werte selbst abgelehnt werden, sondern nur die Eigenart der absolutistischen Vermittlung.

Darauf fragt Lenk nach der Absolutheit des Verbotes, Unschuldige zu töten.

Nach Böckle ist hier paränetisch in Unbedingtheitsform formuliert. Das heiße aber faktisch nur: Ungerechtes Töten von Menschen ist ungerecht. Selbst der Satz "Wenn jemand unschuldig ist, darf er nicht getötet werden" gilt nicht absolut. Wenn rettbares Leben gegen unrettbares steht - etwa in der Frage des Schwangerschaftsabbruchs -, dann fordert die praktische Vernunft die Rettung des Rettbaren.

In diesem Zusammenhang wirft Moser die Frage auf, ob es nicht wirklich auch sachliche Krisen der sogenannten eigentlichen Werte gebe.

In der Rückbindung der Historisierung an den Glauben als das Veranlassende für die sittliche Vernunft sieht Buchholz doch eine absolute Metanorm wieder eingeführt.

Böckle gibt zu, daß es das Schwierigste im ganzen System sei, dem unbedingten Anspruch der Vernunft der kritischen Rationalität im praktischen Behaupten nicht zu widersprechen. Aber der materiale Gehalt sei nur im Relativen zu verwirklichen.

Darauf fragt Buchholz, ob dieses absolut Normative über aller praktischen Relativität nicht schließlich zu der Forderung werde: Du sollst glauben!

Das verneint Böckle entschieden. Glaube habe auf keinen Fall Gebotscharakter. - Es gebe verschiedene Deutungsversuche für die formale Lösung des Phänomens der Unbedingtheit des Sollensanspruchs - geschichtsphilosophisch, transzendentalphilosophisch usw. oder eben hier die Deutung von der Schöpfungstheologie her. Wir könnten nur versuchen, die Deutungen auf Bewährung zu erproben, indem wir ihre Implikationen untersuchen. Der theologische Weg scheine den Menschen am wenigsten zu verfremden, scheine ihn am stärksten in seiner Autonomie zu bestätigen. Hier gehe es nur darum zu zeigen, welche Konsequenzen ein solcher Glaube de facto für unser ethisches Handeln habe. Es ergebe sich auch daraus, daß wir uns mit allen anderen gemeinsam im gleichen Suchen nach begründeten Präferenzen befinden.

Werte und Handlungsanalysen

Zur praktischen Bedeutsamkeit werttheoretischer Modellansätze

von H. Lenk, Karlsruhe

Rückgriff auf Wertargumente im "systemtechnologischen Zeitalter"

Im "system- und informationstechnologischen Zeitalter" der schnellen technischen und wissenschaftlichen Veränderungen und Innovationen der techno-ökonomisch sozialen Fernwirkungen und interkulturellen Diffusionen, der systemhaften Verflechtungen und der immer unerläßlicher werdenden Systemplanungen haben Wertprobleme notwendig wieder Konjunktur.

Planer, Technologen, Politiker fordern neue Werte. Ozbekhan schrieb (in Jantsch 1969): die Technologen hätten ihre Schuldigkeit getan; die Philosophen seien nun an der Reihe. Die Philosophie hätte sich bis zur Selbsttrivialisierung auf Sprachgebrauchsanalysen und Kalkülkonstruktionen und -untersuchungen eingeschränkt. Ohne die Präzisierungsverdienste der analytischen Philosophie und der Wissenschaftstheorie verleugnen oder abwerten zu wollen, kann man dennoch urteilen: Ozbekhan hat zum Teil recht: Im absoluten Gewißheitsstreben waren die Philosophen vorsichtig, zu mutlos - sie behandelten lieber triviale, aber objektiv lösbare, als dringende wichtige Probleme. Es gibt eine Entfremdung zwischen Philosophie und Welt - übrigens auch in der Technikphilosophie.

Andererseits ist die Hoffnung, vom Philosophen neue Rezepte, neue Wertprogramme zu erhalten - möglichst logisch-wissenschaftlich fundiert, überzogen und utopisch. Philosophen sind keine Moraldiktatoren noch -legislatoren im inhaltlichen Sinne, obwohl sie kritische Alternativen von Wertsystemen und -rechtfertigungen untersuchen, zur Diskussion stellen oder gar vorschlagen können und sollten. Aber erstens ist Vorschlagen nicht Vorschreiben, und zweitens ist die übertriebene Neuheitsforderung für jeden Fall gerade in der Wertdiskussion kein Königsweg zur Lösung aller Planungsprobleme.

Dies spiegelt sich auch bei Ozbekhan wieder: Seine selbstgestrickte Wertphilosophie entspricht keineswegs seinem Ruf nach neuen Werten für das Zeitalter planetarischer

Planung. Daß die Wissenschaft unter dem Wert der Wahrheit, die Technik unter dem der Nützlichkeit und der soziale Verkehr unter dem der guten alten Nächstenliebe stehen, sind keine so umwälzend neuen Erfahrungen. Ozbekhans neuer Grundwert der "planetarischen" Ethik, jener des ökologischen Gleichgewichts auf unserem Raumschiff Erde, in dem wir alle auf Gedeih und Verderb sitzen, ist wohl kaum als der neue Fundamentalwert aller künftigen Ethik zu verstehen, sondern ein ableitbarer Sekundärwert - ableitbar aus dem Wert des zu sichernden Überlebens der Menschheit, eines menschenwürdigen Überlebens zumal.

Die aktuelle Diskussion um den Wert - oder besser: den durch das Schlagwort umschriebenen Komplex der "Qualität des Lebens" - zeigt: Auch hier handelt es sich nicht um neue Wertvorstellungen. Das Ideal des "guten Lebens" beherrschte schon die ethischen Diskussionen in der Antike. Man kann die These wagen: Die Möglichkeiten der überkommenen philosophischen Wertsysteme sind mitnichten ausgeschöpft. Die Philosophie hatte sich bisher zu lange und zu sehr auf die absolutistischen Begründungsversuche solcher Wertpostulate beschränkt, über die sich die Verantwortlichen am Ende durchaus weitgehend einig waren. Die Probleme liegen aber darin, Reichweite, Anwendungsbereiche und Ausführungsmodalitäten wie normative Regelungen der Sekundärwerte zu diskutieren.

Über die letzten Fundamentalwerte - die institutionen-, gruppen-, kultursichernden - ist man sich meist einig. Und auch über die Werte und Menschenrechte des Individuums beginnt sich mit der weltweiten Ausbreitung - man muß schon sagen, mit dem "Siegeszug" der abendländischen Kultur - eine Einigkeit empirisch anzudeuten oder auszuprägen. Die Einheit der Moral ist eine aposteriorische Angelegenheit der Entwicklung zur Weltgesellschaft, nicht eine naturrechtlich oder ethisch absolut unbegründete Einsicht. Einem Eskimo ist angesichts garantierter Versorgung im Fernsehzeitalter wohl beizubringen, daß die überkommene Stammesmoral, die Alten müßten sich zur Entlastung der Sippenversorgungsprobleme selbst töten, nicht mehr zu rechtfertigen ist. - Freilich faktisch ist es oft schwierig, traditionelle Stammesmoralen wie etwa die korsische Blutrache abzuschaffen.

Auch benehmen sich Großgruppen im systemtechnologischen Zeitalter nicht gerade moralisch vorbildlich. Die meisten Individuen sind geradezu moralische Heroen, verglichen mit den Auge-um-Auge-Zahn-um-Zahn-Prinzip internationaler Drohgebärden zwischen Völkern. Hier gibt es einiges zu ändern, zumal auch unsere überkommenen Moralvorstellungen allzu sehr an den Bedingungen des face-to-face-Kontaktes kleiner Gruppen entwickelt wurden und orientiert blieben und für das Zeitalter technologischer Fernwirkungen kaum hinreichend erscheinen.

Dies gilt besonders auch für die vielleicht stammesgeschichtlichen moralanalogen Verhaltenssteuerungen durch unmittelbare Tötungshemmungen. Der Knopfdruck, der 100 000 tötet, stößt auf keine Hemmungsschwelle - doch mit bloßen Händen jemanden umzubringen, ist für die meisten ein Unterfangen, demgegenüber Hemmungen (für manche Leute leider noch zu geringe) eingebaut sind. Nun, auch das Tötungsgebot ist nicht neu. Schon in der christlichen Ethik war es eines der wenigen Gebote, das völlig bezugsgruppenfrei formuliert war - ja, sinngemäß sogar auf Lebewesen überhaupt bezogen werden konnte: das Verbot unnötigen Tötens oder Quälens jeglicher Kreatur. Hier wird aber wieder deutlich, wie im

Umgang mit technologischen Fernwirkungen planetarischen Ausmaßes neue Durchsetzungsmittel und Ausführungsbestimmungen für alte Gebote, die auf alten Wertvorstellungen beruhen, nötig sind.

Ähnliches gilt für Bewertungen der Unverletzlichlichkeit der Privatsphäre angesichts der Möglichkeit umfassender Informationssysteme, die mißbraucht werden könnten; ähnliches gilt auch für die Probleme der Antikonzeption angesichts explodierender Bevölkerungsmassen in Drittländern usw. Eine Ironie des Schicksals, daß die fristengemäße Abtreibung gerade zu der Zeit legalisiert wird, wo sie ohnehin überflüssig wird - eben durch antikonzeptionelle Mittel und durch die Möglichkeit des Wohlfahrtsstaates, Mütter von Existenzgarantieproblemen für ungewollte Kinder zu entlasten. (Hatte Adolf Arndt recht, daß die Fristenlösung der Abtreibung ein Versagen des Sozialstaates bedeutet?)

Es ist zu begrüßen, daß Moralprobleme wieder Konjunktur erleben. Philosophen sollten mutiger und spekulativer konstruktive ethische Entwürfe wagen - heraustreten aus dem Elfenbeinturm der Seminarphilosophie, ohne falsche Sicherheiten zu versprechen. Intensive und integrierte Zusammenarbeit mit allen relevanten anderen Human- und Verhaltenswissenschaften ist dabei unerläßlich.

Absolute inhaltliche Rezepte und auch Rechtfertigungsmethoden apriorisch-philosophischer oder rationalistischer Art wird der Moralphilosoph dabei nicht liefern oder auch nur in Aussicht stellen können. Dies kann als ein Ergebnis der analytischen Philosophie und der wissenschaftstheoretischen Diskussion gelten. Diesem eigentlichen Thema wende ich mich nunmehr zu.

Zu analytischen Ansätzen in der Werttheorie

Eine Warnung, die Hempel - sicherlich kein Defaitist angesichts wissenschaftstheoretischer Bemühungen, für die Entscheidungstheorie aussprach, gilt entsprechend auch hier: "Die mathematischen (und wissenschaftstheoretischen, Zusatz: H.L.) Modelle ... bieten uns keinerlei Hilfe, geht es um die rationale Lösung der schwerwiegenden und komplexen Entscheidungsprobleme, mit denen wir uns im Alltag konfrontiert sehen" (1962), S. 9). Nun, auch der Physiker kann keine direkte Hilfe vom Wissenschaftstheoretiker erwarten. Der Wissenschaftstheoretiker kann dem empirischen und auch dem theoretischen Wissenschaftler die Arbeit idealtypischerweise nicht abnehmen (selbst wenn fallweise Personalunionen von schöpferischen Wissenschaftlern und Wissenschaftstheoretikern vorkommen: z.B. Mach und Weyl). Indirekt jedoch kann die Wissenschaftstheorie bedeutende Beiträge zur Begriffsanalyse, Kriterienkonstitution für die Beurteilung und Bewährung von Theorien, zur Entdeckung analytischer, terminologischer Lücken und allgemein zur Präzisierung der wissenschaftlichen Theorien und Theorienentwürfe leisten. So und nur so können auch die analytische Philosophie und zum Teil auch die Wissenschaftstheorie oder die Logik zur Wertdiskussion indirekt präzisierende und differenzierende kritische Beiträge von Bedeutung liefern, ohne dem Moralisten, dem Moralreformer, dem Moralphilosophen oder dem wertenden Bürger die inhaltliche Festlegung abnehmen zu können. Hierzu beispielhaft einige Abschnitte zur Wertproblematik.

Die Kritik am klassisch-philosophischen Essentialismus, an der Wesensphilosophie, die Werte als Ideen ansah mit einer eigenen ontologischen Existenzweise (etwa im "Reiche der Geltung"), hat ergeben: Werte sind keine Gegenstände, keine idealen Entitäten mit einer besonderen ontologisch zu ermittelnden Existenzweise. Werte können auch nicht als solche direkt beobachtet werden, sondern nur im Zusammenhang mit Bewertungsprozessen unterstellt, erschlossen oder angenommen (im doppelten Sinne!) werden. Es gibt also keine absoluten Werte - losgelöst von jeder Bewertung, losgelöst von jeder bewertenden Kreatur, Gruppe oder Person.

Vorteilhaft ist es daher, Werte nicht als eigene ideale Entitäten zu definieren, obwohl man sie im logischen Sinne als abstrakte Objekte aus einer Äquivalenzklassenabstraktion gleichwertiger Bewertungsgegenstände jeweils in bezug auf eine Präferenzrelation bestimmen könnte.

Der ökonomische Theoretiker Boulding bestimmt Werte kurzerhand als Präferenzfunktionen - bzw. genauer:als Nutzenwerte auf Indifferenzkurven von solchen Präferenzfunktionen, die er sich als Produktionsfunktionen von Entscheidungsverfahren vorstellt. Das Erlernen, Anwenden, Übertragen von Werten ist für ihn also das Erlernen, Anwenden und Übertragen von Präferenzfunktionen. Eingeschlossen werden auch physiologisch festgelegte, genetisch programmierte Präferenzfunktionen - "genetische Werte" , wie er sagt, etwa der Körperwärmeerhaltung. Bouldings Ansatz hat den Vorteil, daß er auf die Rolle des Bewertungsprozesses, der Bezugsgruppen - also sozusagen der sozialen Verankerung von Werten (oder Wertungen) aufmerksam macht und besonders leicht und eindringlich das Wechselwirkungsspiel zwischen sozialen Veränderungen und insbesondere auch technologischen Innovationen (Entwicklungen) und Wertänderungen beschreiben kann. Wie Wertschätzungen und zumal Wertvergleiche im einzelnen in Handlungen, Rechtfertigungen usw. eingehen, wird auf diese Weise nicht weiter verdeutlicht. Boulding selbst stellte den moralphilosophischen Mangel seines Ansatzes fest, daß es bei moralischen Entscheidungen meist um die Wahl - und genauer müßte man noch sagen - um die begründete, zu rechtfertigende Entscheidung zwischen verschiedenen Präferenzfunktionen geht. Der Ökonom nimmt einfach eine Präferenzfunktion an und untersucht deren Anwendung auf Systemzustände, Handlungen, Produkte verschiedener Ausprägung oder Präferierbarkeit. Übrigens ist hier auch ein Grund dafür zu sehen, warum die Wertlogik im engeren Sinne für die Praxis relativ steril bleibt:

Auch sie nimmt fest gegebene Präferenzrelationen über Ereignissen oder an Ereignismengen an - und meist, weit über die komparativen Wertbegriffe hinausgehend, sogar die Existenz einer metrischen Wertstruktur, d.h. eine Zuordnung von reellen Zahlen, de den Wertmaßen, zu einem σ-Ereigniskörper über einer Zustandsmenge, wo eine Wahrscheinlichkeitsverteilung für die Ereignisse gegeben ist. Manchmal (v.Kutschera) werden die klassifikatorischen, qualitativen Wertbegriffe (wertvoll - nicht wertvoll) überhaupt nicht weiter untersucht und sogar die komparativen Wertbegriffe ("wertvoller als") erst über die metrische Wertstruktur eingeführt. So interessant die Untersuchungen und die Ergebnisse vom logischen Standpunkt hierbei sind - etwa, daß es zu jeder komparativen Wertstruktur eine zugehörige metrische Wertstruktur gibt - so unanwendbar dürften diese Ergebnisse für alle praktischen Fälle sein, weil in komplexen wertrelevanten Situationen eben weder die Präferenzfunktionen bzw. die präzise Wertmetrik noch allein schon die Zustandswahrscheinlichkeitsverteilungen bekannt sein dürften. Hempels Urteil über die praktische Unanwendbarkeit der entscheidungslogischen Modelle bei drängenden komplexen

Alltagsproblemen überträgt sich hier unmittelbar auf die wertlogischen Modelle, da in solch einem Ansatz beide sehr eng zusammenhängen (über den Wertbegriff) und da in beiden Fällen die unterstellten und für die Berechnung wichtigen Zustandswahrscheinlichkeitsverteilungen utopisch bleiben.

Noch einmal kurz zurück zu Bouldings Ansatz: Daß es philosophisch und auch analytisch-philosophisch um die gerechtfertigte Entscheidung in einer Kollision verschiedener Wertpräferenzen geht und nicht um die bloße Anwendung und Unterstellung einer gegebenen Präferenzfunktion, das beachten weder die Wertlogik noch Boulding. Implizit sieht der letztere dies jedoch selbst - wenn er mit folgender plastischer Bemerkung dem kulturellen moralischen Relativismus letztlich widerspricht: "Es ist schön und gut für den Relativisten zu beobachten, daß es sehr interessant ist, daß manche Leute ihre Großmütter essen und manche das nicht tun, daß man aber kein moralisches Urteil über diesen interessanten Verhaltensunterschied abgeben sollte. Wenn jedoch jemand vorschlägt, ihn, den Relativisten selbst zu fressen, gibt es eine gewisse (unübersehbare) Tendenz für den Relativismus, zusammenzubrechen".

Werte in Rechtfertigungsargumenten

Es scheint also gewisse Rechtfertigungsmöglichkeiten zu geben, die eine Einheitlichkeit der Bewertungen einsichtig zu machen erlauben - unter einem alten Kriterium der Moralität: dem der Austauschbarkeit von Urteilenden und Betroffenen. Dies ist insbesondere wichtig, wenn einerseits Gruppen und andererseits Individuen auszutauschen sind. Die erwähnte Eskimoregel wäre dann nicht mehr zweifelsfrei moralisch. Nicht jede Volkssitte ist moralisch zu rechtfertigen, wie an den Blutrachenormen deutlich wird. So ist zwar Kelsen im Recht, wenn er die Wahrheitswerte "wahr" und "falsch" für Werte ablehnt und sagt: "Die Geltung eines Wertes ist die Geltung einer Norm" - doch läßt sich auch hiermit keine nichtrelativistische Auszeichnung moralischer Werte vornehmen. Die Art der Geltung bleibt viel zu unbestimmt. Bloß faktische Geltung entspricht nicht dem abendländischen Geist der rationalen Rechtfertigung, entspricht nicht der Tradition der Philosophie. Festzuhalten ist also, daß Werte im Moralischen, soweit sie überhaupt mit intersubjektiven Durchsetzungs- oder Beachtungsansprüchen verbunden sind, mit

Verfahren der Rechtfertigung zu tun haben - und dies in mehreren verschiedenen Bedeutungen des Wortes "Rechtfertigung". Hierauf wird noch einzugehen sein.

Allgemein können wir feststellen als ein Kriterium dafür, wann ein Wert herangezogen wird ("vorliegt"), wann eine Wertung eingeht: Eine Bewertung ist in einer argumentativen Feststellung involviert - genau dann, wenn eine Handlung gerechtfertigt wird oder werden soll, indem eine positive Einstellung zu einem zumindest subjektiv nutzenbringenden (beneficial) Zustand entwickelt wird oder einbezogen ist (abgewandelt nach Rescher (S.9)).

Ich konnte mich nicht entschließen, auch im ersten Teil dieses Kriteriums Rescher zu folgen, der Werte nur als Repräsentation von ideologischen Rechtfertigungsschlagworten auffaßt: "A value represents a slogan for the "rationalization" of action"; oder ausführlicher: "A value represents a slogan capable of providing for the rationalization of action by encapsulating a positive attitude toward a purpotedly beneficial state of affairs" (ibd.). Rescher hat recht, daß Werte durch Handlungsrechtfertigung charakterisiert werden; Güterwerte, Ereignisbewertungen lassen sich hierauf zurückführen. Der grundsätzlich ideologische Charakter von Werten wird nach Rescher deutlich - "ideologisch" im weitesten, neutralen Sinn: als Handlungsrechtfertigung. Doch sind Werte nicht nur Kurzfassungen von Schlagworten.

Über die Art oder die Arten der Rechtfertigung muß freilich noch differenzierter diskutiert werden: Die Rolle von Wertungen, der Beanspruchung von Werten bei der Beurteilung von Handlungen ist sehr unterschiedlich und könnte Anlaß geben zur grundlegenden Unterscheidung von Wertungsarten oder zumindest von Arten an unterschiedlichen argumentativen Verwendungen von Wertbezugnahmen bei Handlungsanalysen oder -beurteilungen.

Zunächst sei bemerkt: Aus dem Charakter der Rechtfertigungsfunktion ergibt sich: Werturteile sind keine bloß beliebigen oder beliebig variierbaren Geschmacksurteile, sondern sind mit einem gewissen Anspruch auf intersubjektive Einsehbarkeit, eben auf "rationale Rechtfertigung" verbunden - das gilt selbst für persönliche Wertungen, erst recht aber für alle sozialen Werte.

Dies bedeutet dreierlei:

1. Über Werturteile läßt sich rational, intersubjektiv, unpersönlich diskutieren - sie beanspruchen eine gewisse argumentative "Objektivität". Diese Rechtfertigungsdiskussion folgt logischen Regeln der üblichen, aber auch der deontischen Logik insoweit etwa, als logische Widersprüche und auch deontische Widersprüche (etwas kann nicht zugleich ge- und verboten sein) zu vermeiden sind.

2. Die Diskussion erfolgt an Kriterien der Beurteilung etwaiger Konsequenzen von Handlungen für einzelne oder Gruppen oder "die Menschheit" und/ oder unter Zugrundelegung eines Komplexes von Grundwerten bzw. einer "Vision vom guten Leben" - unter dem Gesichtspunkt einer Erhöhung von "Lebensqualität" (so Rescher schon vor Eppler und Forrester).

3. Absolute Letztbegründungen in Wertfragen sind nicht möglich - faktische, freilich unter Umständen nicht variierbare genetische, Bedingungen, Bezugsgruppen der Wertenden und Betroffenen sowie deren Überlebenssicherungsbedingungen und ein "Recht auf (gutes) Leben sowie Achtung

davor" sind einzubeziehen. Zu den Bedingungen zählen auch kulturelle Bedingungen. Zum Teil gibt es freilich interkulturell feststellbare notwendige Sicherungsbedingungen für Institutionen, soziales Leben und Gruppen (wie Sippen, Familien usw.), die zu interkulturellen institutionen- und kulturerhaltenden Werten generell führen.

Im Rahmen dieses Beitrages möchte ich keinen Versuch unternehmen, die vielen Versuche der Klassifikation von Werten und Wertarten zu resumieren oder zu ergänzen. Solche Einteilungen ergeben sich zumeist von selbst, blieben bisher mehr oder minder unvollständig oder willkürlich einander überlappend und erwiesen sich praktisch als relativ steril.

Analytisch viel interessanter - und zudem von wissenschaftstheoretischer Relevanz - sind dagegen die unterschiedlichen Weisen, wie Bezugnahmen auf Werte in Handlungsanalysen und -beurteilungen eingehen. Hierauf soll, wie angekündigt, nun noch eingegangen werden. Zunächst sind Wertorientierungen in jedem Falle "janusköpfige Dispositionskomplexe" (Rescher, S. 23) - sowohl im normativen (subskriptiven) als auch im explanativen (kognitiven) Gebrauch (s.u.): sie beziehen sich einerseits auf Handlungen, indem sie diese als konstruierte Hypothesen oder Leitorientierungen "begründen" i.w.S.d.W. - und andererseits auf Rechtfertigungsgespräche, Argumente, indem sich Handelnde in Rechtfertigungsdiskussionen, also in verbalen Handlungen, auf Werte berufen oder Wertausdrücke (Namen von ihnen) anführen. "Handlungswerte", die nur sehr viel indirekter ermittelt oder zugesprochen werden können, sind präzise von ihren Images in Diskussionen - von "Diskussionswerten" oder diskursiven Rechtfertigungswerten zu unterscheiden. Die Beziehungen zwischen Handlungswerten und Diskussionswerten, zum Teil als deren Images, zu analysieren, könnte interessante philosophische und ideologietheoretische Resultate liefern.

Eine noch wichtigere Funktionsunterscheidung darüber, wie Werte auf Handlungen bezogen werden können, liegt in folgendem: Wertausdrücke können benutzt werden und werden sehr häufig (im Alltag und in Humanwissenschaften) herangezogen, um Handlungen zu erklären: "Der Samariter half dem Lazarus aus Nächstenliebe" wäre eine solche umgangssprachliche Handlungserklärung mittels Wert(ausdrück)en. Diese Zuschreibung von Wertmustern als Leitorientierungen des Handelns (oder auch der Diskussionen: "Er berief sich auf den Wert der Menschenliebe") ist natürlich eine idealerweise relativ wertneutrale, kognitive Angelegenheit, insoweit als sie keine normative (vorschreibende oder i.e.S. bewertende) Aussage macht. Dennoch ist eine solche Aussage durchaus auch von der Etablierung und Kenntnis von Vergleichsstandards etwa über die Nichterfülltheit, Indifferenz, über einen neutralen Werthintergrund o.ä. hinsichtlich des betreffenden Wertes abhängig. Doch solche Kenntnis normativer Voraussetzungen ist nicht selbst normative Adoption. Freilich ist eine Kenntnis der üblichen Bewertungsstrukturen und Terminologie nötig - ob es sich um bipolare ("gut" - "schlecht") oder monopolare ("eindrucksvoll") Wertungen handelt. Rescher macht darauf aufmerksam, daß der aristotelische Medialcharakter der Bewertungen hier eine standardkonstitutive Rolle spielt.

Wie können Wertzuschreibungen nun genauer in Handlungserklärungen auftreten?

Handlungserklärungen durch Bezugnahme auf Werte

Zunächst einmal bedeutet die erklärende Zuschreibung eines Wertes zu einer Person (oder Gruppe), daß man hypothetisch unterstellt, diese befolge und/oder übernehme den betreffenden Wert als für sich verbindlich (handlungsleitend). Dies gilt sowohl für verbale Rechtfertigungen unter Bezugnahme auf diesen Wert wie auch für das Handeln, das das Wertengagement irgendwie "widerspiegeln" muß. Die Zuschreibung eines Wertengagements bedeutet normalerweise, daß man erwartet, die Wertadoption äußere sich sowohl in Diskussionen als auch im Handeln.

Durch Bezugnahme auf Wertadoptionen des Handelnden können erklärt werden:

a) generelle Handlungsdispositionen wie die Gewohnheit eines Menschen, stets genau rechnerisch seine Ausgaben und Einnahmen zu kontrollieren, daraus, daß Sparsamkeit einer seiner Werte ist;

b) eventuell sogar die Handlung der Wertadoption oder Subskription selbst: Er folgt dem Wert Sparsamkeit aus Ordnungsstreben (Ordentlichkeit) oder weil er eine Person von hohen Wertstandards und Selbstdisziplin ist (semantisch höhergestufte Zuschreibung allgemeiner Werte als solcher im Unterschied zu besonderen Einzelwerten);

c) können - und das ist der interessanteste Fall - bestimmte Einzelhandlungen aus hypothetisch zugeschriebenen Wertadoptionen erklärt werden: Der Samariter half hier unter dem Wert der Nächstenliebe - d.h., weil er den Wert Nächstenliebe als für sein Handeln verbindlich anerkannte und in dieser Situation als handlungsrelevant ansieht, in einzelnen relevanten Situationen dementsprechend handelt, sofern ihm dies faktisch oder prinzipiell möglich ist.

Man sieht, daß Werterklärungen Spezialfälle der dispositionellen Erklärung darstellen, wo Ereignisse aufgrund gewisser zugeschriebener Dispositionen und mit Hilfe entsprechender allgemeiner Gesetzmäßigkeiten oder dispositioneller Regeln anderer Art (Konventionen, Normen) erklärt werden. Klar werden hieran fünf Punkte:

Dispositionelle Handlungserklärungen durch Werte geben

1.) allgemeine, sehr unspezifische Begründungen - sie beziehen sich nicht wie die Angabe spezifischer Zielzustände auf angestrebte Einzelfälle - sind keine singulären teleologischen Erklärungen, obwohl allgemeine Analogien bestehen - im Streben etwa, den betreffenden Wert zu verwirklichen, zu instantiieren. Sie ähneln generellen Erklärungen mittels Motiven oder gar Charaktereigenschaften, die ebenfalls Dispositionserklärungen sind;

2.) sie verknüpfen einzelne Handlungen mit in der Vergangenheit schon relevanten Handlungsmustern, mit etablierten Handlungsdispositionen und sind deshalb nicht zirkulär;

3.) sie sind oft informativer als Handlungserklärungen aufgrund von Zielangaben, da naheliegende Ziele des Handelnden sich aus der Kenntnis seiner leitenden Wertorientierungen ergeben, aber nicht umgekehrt. Der Sparsame wird genau Rechnung führen - dies letztere kann jedoch auch unter anderer Wertorientierung geschehen;

4.) Wertzuschreibungserklärungen setzen - wiederum ähnlich, wie Erklärungen mittels Charakterzügen eine Alltagspsychologie von Charaktertypen erfordern - eine idealtypische Einteilung von Wertorientierungsmustern in Typen voraus - und eine Hypothese über Kontinuität der Wertorientierung und relative Verhaltensstabilität in vergleichbaren Situationen. Auch eine Kenntnis der Anwendungsregeln der entsprechenden Wertausdrücke wie oben erweist sich als notwendig. Wir müssen z.B. eine idealtypische Vorstellung des Handelns aus Nächstenliebe besitzen, um das besondere Verhalten eines einzelnen daran und in Abhebung vom wertindifferenten oder gegensätzlichen Verhalten einordnen zu können;

5.) Handlungserklärungen durch Wertbezüge können natürlich wiederum untergliedert werden nach den unterschiedlichsten Klassifikationen von Werten - insbesondere nach dem Bewertungsobjekt - je nachdem, ob Sachverhalte, Dinge oder Güter(besitz), psychophysische Zustände, Fähigkeiten, Motive, Einstellungen, Charakterzüge oder Bewertungen selbst bewertet werden.

Diese Möglichkeiten aufzuzählen, wäre theoretisch wiederum relativ unergiebig und wohl prinzipiell unvollständig.

Erwähnenswert ist allerdings, daß Dispositionserklärungen durch Bezugnahme auf Werte oder Wertungen außer im alltäglichen Sprachverhalten auch in Geistes- und Sozialwissenschaften auftreten - besonders in der Geschichtsschreibung, in der Literaturwissenschaft, aber auch in der Soziologie und Kulturanthropologie oder in der humanistischen Psychologie, wo Analysen von Wertsystemen durchaus Erklärungsrelevanz haben. In der nomologischen Psychologie scheinen Wertbezüge zumindest implizit, meist versteckt und unbewußt, im Hintergrund zu stehen: Man denke etwa an Hypothesen über Leistungsorientierung in Motivationsanalysen, wo Voraussetzungen über soziokulturelle und geistesgeschichtliche Werttraditionen unbenannt einzugehen scheinen. Rescher meint auch, traditionelle philosophisch-axiologische Interessen treffen sich hier mit wissenschaftstheoretischen Grundfragen der Sozialwissenschaften. Wie dem auch sei, jedenfalls ist hier der Hauptpunkt, an dem die Wissenschaftstheorie im engeren Sinne (nämlich die der Geistes- und Sozialwissenschaften) die Wertproblematik aufgreifen muß. Abgesehen von dem traditionellen und mißverständlich behandelten, nicht differenziert genug analysierten soziologischen Wertfreiheitsproblem - wo semantische Fehler und die Vernachlässigung der Überprüfungsproblematik der Erfahrungswissenschaften eine undurchsichtige und irreführende Vermischung mit der Diskussion über Hypothesenfindungsmethoden eingingen -, steht die wissenschaftstheoretische Behandlung der Wertprobleme leider noch in einer Anfangsphase. Gerade in angewandten Sozialwissenschaften wie System- und Planungswissenschaften wird die Methodologie der Zielbewertungen bzw. die wissenschaftstheoretische Analyse des intrikaten und delikaten Komplexes von kognitiven und normativen Verfahren der Prognosen, Entscheidungen, Planungsstrategien etwa beim sogenannten "normative forecasting" (Jantsch) immer mehr unerläßlich für die Praxis. Von wissenschaftstheoretischer Seite gibt es hierzu bisher fast keine Arbeiten, wenn man absieht von gewissen analytisch-philosophischen Ansätzen zum Problem der normativen Sätze (nicht Sätze an sich sind normativ, sondern in Kontexte und Situationen pragmatisch eingebettete Satzvorkommnisse) und wenn man weiter absieht von wenigen hochabstrakten und voraussetzungsreichen, utopische Informationen verlangenden wissenschaftstheoretischen Analysen der Modelle der normativen Entscheidungstheorie (Stegmüller). Für diese Analysen - so wichtig sie fraglos sind - gilt Hempels oben erwähnter Vorbehalt der praktischen Unbrauchbarkeit. Leider sind auch im Schwerpunktprogramm "Wissenschaftstheorie" der DFG gerade die Punkte Methodologie der Bewertungen und Planungen in Systemwissenschaften und angewandten Sozialwissenschaften ebenso wieder gestrichen worden wie etwa der Punkt "Wissenschaftstheorie der Technikwissenschaften". Man wollte methodologisch beim Konservatismus herkömmlicher Wissenschaftseinteilungen bleiben und diese z.B. durch die Probleme der dialektischen Spiralen ergänzen, anstatt dringliche Bewertungsprobleme angewandter Sozialwissenschaften und praktisch immer wichtiger werdender interdisziplinärer Forschungs- und Planungsbereiche aufzugreifen.

Beurteilende Handlungsrechtfertigung durch Werte

Streng zu unterscheiden von Handlungserklärungen durch Bezugnahme auf Werte ist die normative Übernahme, Adoption (subscription) eines Wertes, wenn er für den

Handelnden als verbindlich erklärt wird.

Diese Wertsubskription bei Handlungsrechtfertigungen kann in drei grundlegend unterscheidbaren Perspektiven erfolgen (Rescher) - je nachdem, in welcher Person (im grammatischen Sinne) der Handelnde sich befindet:

1.) in der ersten Person - beim Abwägen und Entscheiden: Was soll ich (sollen wir) tun?

2.) in der zweiten Person - beim Raten, Vorschreiben usw.: Was sollst du (sollt ihr, sollen Sie) tun?

3.) in der dritten Person - beim Beur--teilen, Kritisieren, nicht teilnehmenden Rechtfertigen usw.: Was ist in irgendeinem Sinne verdienstvoll, wertvoll, was ist der Wert oder Unwert dessen, was der Handelnde A tut, getan hat, zu tun sich anschickt, tun will?

Praktische Folgerungen

Die Grundfrage aller dieser analytisch und in der Handlungspraxis sehr unterschiedlichen Fälle: "Was ist angesichts der Situation die beste (oder eine relativ optimale) Handlung für mich, für dich, für ihn?" verweist auf die Problematik der sogenannten praktischen Erfahrungen, ihrer Regeln und Logik.

Die Logik der praktischen Folgerungen - wieder einmal ein Gebiet, das von Aristoteles initiiert wurde - ist in jüngster Zeit besonders von Wright, Kenny, Rescher u.a. fortentwickelt worden. Sie befaßt sich entsprechend den oben erwähnten grammatischen Personenunterscheidungen mit der logischen Form und den Schlußregeln von Argumentationen zur Stützung von Abwägungs-, Entscheidungs-, Beratungs- und Ratsamkeitsbehauptungen der Art: "Eine (empfehlenswerte, gute, ...) Handlungsmaxime (oder verbessert: ein Teil der optimalen Strategie) für mich, dich, ihn ist es, y zu tun oder - technisch gesprochen - den Handlungsausführungssatz (action performance statement) 'x tut y an der Raum-Zeit-Stelle t' wahrzumachen. Die Theorie der gültigen Argumentformen solcher 'task theses' etwa zur Vermeidung von praktischen Inkonsistenzen - ist nach Rescher das Gebiet der praktischen Folgerungen - in der Nachfolge von Aristoteles' praktischer Syllogistik.

Subjektgleiche praktische Folgerungen unterscheiden sich methodisch von subjektfremden, bedingte von unbedingten. Gewisse allgemeine praktische Prinzipien können dazu dienen, viele praktische Folgerungen zu deduktiv gültigen Schlüssen zu ergänzen - und dürften in handlungstheoretischen philosophischen Ansätzen zu entwickeln sein.

Eine Gültigkeitssemantik für praktische Prinzipien möchte Rescher aus der imperativen Logik abziehen: eine praktische Folgerung ist gültig, wenn die entsprechende Befehlsfolgerung der imperativen Logik gültig ist. Doch die Fundierungsverhältnisse zwischen praktischer Syllogistik, Imperativlogik und Normenlogik sind bisher nicht hinreichend zweifelsfrei analysiert, um einhellig akzeptierbar zu sein. Interessant ist jedenfalls für die Berechtigung einer Logik der praktischen Folgerungen, daß die Argumentformen unabhängig von den methodisch-anwendungsbezogen sehr unterschiedlichen Personperspektiven und auch unabhängig vom unterstellten Wertebereich (Moral, Recht, Klugheits-, Willensbeurteilungen oder solche übergreifenden "synoptischen" Bewertungen) dieselben sind.

Statt weiterer Ausführungen hier kurz ein Beispiel einer praktischen Folgerung (Rescher):

Empfehlenswert für x ist es, jetzt alle Fenster des Hauses zu öffnen.

Wenn x alle Fenster des Hauses öffnet, öffnet er auch die auf der Nordseite des Hauses.

Ergo: Es ist empfehlenswert für x, jetzt die Fenster auf der Nordseite des Hauses zu öffnen.

$A(x{:}p)$

$p \rightarrow q$

$A(x{:}q)$

Aber die weitere Interpretation:

x soll jetzt den Schnee von der Auffahrt schaufeln

x kann nur den Schnee von der Auffahrt schaufeln, wenn Schnee auf der Auffahrt ist

---

x soll (dafür sorgen), daß jetzt Schnee auf der Auffahrt ist

zeigt, daß dieses Schema noch nicht allgemeingültig sein kann. Erst durch eine modallogische Abänderung und Verschärfung - etwa $N(p \rightarrow q)$ statt $p \rightarrow q$ - oder durch kausale Modalitäten strikterer Art kann dieses Schema zu einem allgemeingültigen gemacht werden.

Dieses interessante Ergebnis exemplifiziert die Berechtigung der Logik der praktischen Folgerungen. Weiter soll auf die praktischen Folgerungen hier nicht eingegangen werden. Deutlich dürfte jedenfalls sein: Die beste Strategie des Handelns ist nur durch Bewertung, durch Anwendung einer Präferenzrelation und durch (prinzipielle) Rechtfertigung auszuwählen. Insbesondere bei der Entscheidung zwischen unvereinbaren Alternativen ist die vergleichende Bewertung beider die einzige Möglichkeit zu entscheiden und zu einer übergreifenden relativ-besten Strategie unter übergreifenden Wertgesichtspunkten zu kommen. Die Problematik der praktischen Folgerungen berührt sich hier mit jener normenlogischen über prima-facie-Verpflichtungen und übergreifenden Absolutverpflichtungen.

Resümierende Bemerkungen zur Methodologie der Bewertungen

Rechnet man zur Wissenschaftstheorie im weitesten Sinne spezielle Gebiete der Logik hinzu, so gibt es eine weitverzweigte Literatur, die sich mit der formalen Methodologie (genauer der Logik) von Bewertungen, Werten, Nutzenfunktionen, Präferenzen, Normen usw. befaßt. Diese Literatur kann hier natürlich nicht einmal ansatzweise resümiert werden (vgl. etwa v. Kutschera 1973, v. Wright 1968, Verf.(Hrsg.) 1974). Einige intuitive Bemerkungen über Wertlogik und Präferenzlogik seien aber noch angeschlossen: Es wurde schon oben erwähnt, daß Werte nicht mit Präferenzfunktionen oder den höher ausgezeichneten Zuständen einer beliebigen Präferenzrelation gleichgesetzt werden können, da Werte nicht so sehr von faktischen Vorzugsrelationen handeln, sondern von rational argumentativ gerechtfertigten oder zu rechtfertigenden Vorziehbarkeitsbeziehungen (preferability statt preference nach Rescher). Nur so können Werte ihrem Charakter als Rechtfertigungsgründen für Handlungen entsprechen. Nur wenn man die Begründung einer Präferenzrelation liefern kann, kann man von ihr zum Wert übergehen. Erst dann lassen sich die formalen Eigenschaften der Präferenzrelation nutzen für die Konstitution einer Werteskala - sei es einer bloß komparativen, die ein "Mehr oder Weniger" angibt, etwa durch Ordinalzahlen in Rangstufen zu bringen, oder einer metrischen Wertefunktion, die dann auch echt die Wertabstände durch eine Metrik, eine Abstandsfunktion, mißt. Die Skalen können bipolar Wert gegen negativen Unwert stellen oder monopolar die Realisierung der Nichtrealisierung gegenüberstellen (Rescher, (S. 65) spricht hier einschränkend von "worth" statt "value"). Die Bewertungsskalen können endlich oder unendlich sein - beidseitig oder einseitig. Sie können diskrete Einstufungsgrade enthalten (grading) oder kontinuierlich sein. Wie oben erwähnt, kann jedenfalls bei einer Einführung einer geeigneten Metrisierungsfunktion jede Gradbewertung und jede komparative Bewertungsskala zu einer vollständig metrisierten ergänzt werden, wenn man genug an in der Praxis meist nicht erfüllbaren Wissensvoraussetzungen über die Wahrscheinlichkeitsverteilung der Zustände und Ereignisse oder über die Konstruierbarkeit eines Meßverfahrens zur Wertfunktion voraussetzt. Rescher schreckt jedenfalls hier nicht vor kühnen Tricks zurück, indem er die ordinale Gradbewertung eines grading-Verfahrens einfach in die kardinale eines Intervallmeßverfahrens schlicht uminterpretiert, indem er einfach jedem Grad eine entsprechende Zahl zuordnet und als Wertmaßzahl postuliert (S. 67 f). Das Problem, wie man eine bloße Vorrangordnung ohne Kenntnis über die Abstände, also über das Ausmaß der jeweiligen relativen Vorzüge, in eine metrische Wertabstufung überführt, die das

Ausmaß der Wertunterschiede präzise mißt, - dieses Problem wird hier einfach durch Hypostasierung umgangen. Dabei ist das Problem Rescher durchaus bewußt, und er fordert eine eigene zusätzliche Konstruktion der Wertmetrik. Nur ergibt sein hypostasiertes Verfahren diese eben nicht - entgegen seiner Behauptung.

Die richtige Einsicht Reschers, daß Bewertung (evaluation) nicht nur einen Bewertungszustand voraussetzt und eine Wertung erfordert, sondern in Gestalt des Bewertungskriteriums die Wertstandards umfaßt, also den Schritt "vom Faktum zum Wert" vermittelt und daß Bewertung (evaluation) so einer Klassifikation (eben nach Wertgesichtspunkten) ähnelt - wird dadurch natürlich nicht entwertet.

Zum Problem der Aggregation individueller Präferenzen

Eine ähnliche Großzügigkeit unterläuft Rescher übrigens bei der Behandlung des Aggregierbarkeitsproblems von K. Arrow. Dieses besteht darin, daß transitive individuelle Präferenzen (Mengen mit transitiven Präferenzrelationen) nicht stets widerspruchsfrei in transitive soziale

Präferenzen durch Mehrheitsentscheid aggregiert werden können. Widersprüche zum Transitivitätspostulat treten bei der Aggregation auf.

Beispiel:

		Zustände		
		x_1	x_2	x_3
Bewertende	A	1.	2.	3.
Instanzen,	B	3.	1.	2.
z.B.Personen	C	2.	3.	1.

$x_1 > x_2$ (weil A und C beide so präferieren) und $x_2 > x_3$ (weil A und B beide so präferieren)

ergibt nach Transitätsaxiom: $x_1 > x_3$.

Doch nach Aggregationsprinzip gilt:

$x_3 > x_1$ (weil B und C beide so präferieren).

Dieses Ergebnis bedeutet einen Widerspruch.

Arrow erhielt diese zu Widersprüchen gegenüber der Transitivitätsforderung bei aggregierten Präferenzrelationen führende Konsequenz bei Zugrundelegung von 6 plausiblen Axiomen über die Bestimmtheit der aggregierten Ränge. Rescher ändert das letzte Axiom der Irrelevanz externer Alternativen unter der Hand unversehens ab, indem er

(S. 101) ein "any" als "an" liest und glaubt, dieses nunmehr nicht intuitiv notwendig erscheinende Axiom weglassen zu können und das Arrowsche Problem gelöst zu haben. Leider irrtümlich.

Hat man jedoch erst einmal eine aggregierte soziale Präferenzfunktion (und in vielen Fällen kann dieses durch demokratische Aggregation ja durchaus gelingen), so läßt sich allerdings wieder unter den erwähnten starken Voraussetzungen eine soziale Wertmetrik summativ als arithmetischer Mittelwert der individuellen Wertmaße aufbauen.

Reschers prinzipielle Bedenken gegen die Methode, eine soziale Wohlfahrtsfunktion aus individuellen Vorlieben und Geschmacksurteilen allein aufzubauen, müssen hingegen voll unterstrichen werden: Wohlfahrt ist wertbezogen und somit intersubjektiv mit Anspruch auf "objektive" Einsehbarkeit diskutierbar, während über bloße faktische individuelle Vorlieben trefflich zu streiten, aber nicht argumentativ rational zu disputieren ist. So entlarvt Rescher es als "höchst fragwürdige ökonomisch-politische Ideologie", soziale Wohlfahrt allein aus individuellen Präferenzen "herauszudestillieren". Werte und Wertdiskussionen sind also angesichts von faktischen Präferenzen keineswegs überflüssig, sondern unerläßlich zur repräsentativen Argumentation von Entscheidungen, Alternativen und Präferenzen.

Nicht überflüssig ist es vielleicht, auch seine Bemerkung wiederzugeben, daß demokratische Gesellschaften keineswegs alle öffentlichen Angelegenheiten der Aggregation individueller Präferenzen, also der Abstimmung, unterwerfen und unterwerfen sollten. Repräsentative Demokratie besteht nicht im Wählen bei jeder Entscheidung, sondern im Wählen der Entscheider.

Relativierung der praktischen Bedeutsamkeit wertlogischer Modellansätze

Mit diesen Bemerkungen ist natürlich wieder die Bedeutung der Präferenzlogik (oder besser der durchaus unterschiedlichen präferenzlogischen Ansätze) für die Werttheorie relativiert. So sinnvoll die Analyse der höchst verschiedenen, ja, unvereinbaren Axiomensysteme der Präferenzlogik (etwa v.Wright, Chisholm-Sosa, Martin u. a.) sind, so eingeschränkt ist ihre praktische Bedeutung für die Wertprobleme. Hempels dictum zur Entscheidungslogik und ihren Modellen ist auch hier relevant. Am wichtigsten scheint noch die aus der Präferenzlogik gewonnene Einsicht zu sein, daß zwischen Güte und Präferenz erster Ordnung und differenzieller Güte und Präferenz unterschieden werden muß. Die ersteren Begriffe beziehen sich auf den Vergleich zwischen dem Zustand vor und nach dem Eintreten eines belohnten (oder bestraften) Ereignisses, die letzteren auf den a posteriori-Vergleich zwischen dem Eintreten und Nichteingetretensein. In den verschiedenen Fällen ergeben sich unter Umständen verschiedene Präferenzen und Wertvergleiche.

Reschers Versuch, die axiomatischen Ansätze der Präferenzlogik mit ihren einander widersprechenden Plausibilitätsüberlegungen zur Akzeptierbarkeit zu ersetzen durch einen konstruktiven Ansatz zum Aufbau einer Semantik der Präferenzlogik ist verdienstvoll, aber wiederum viel zu voraussetzungsreich. Rescher geht von einer atomistischen Zerlegung der Welt in Elementarzustände aus (wie Wittgenstein im Tractatus und wie auch v. Wright in seiner Handlungslogik) und ordnet jedem Elementarweltzustand eine numerische Gütezahl (erster Ordnung wie auch differentiell) zu.

Aus dieser unterstellten (utopischen) Gütemetrik läßt sich dann leicht eine semantische Interpretation von Präferenzen zwischen Weltzuständen ableiten. Reschers Argument, dieses lasse sich leicht auch auf bloße qualitative Graduierungen wie "wünschenswert" (=1), "neutral" (=0) und "nicht wünschenswert" (=-1) anwenden, ist leider wieder falsch. Eine willkürliche Zahlenordnung wird hier wieder als ordinale und gar kardinale Maßfunktion mißdeutet.

Eigentümlich, aber gerade in der Richtung der bisher erarbeiteten Beurteilung der wissenschaftstheoretischen Beiträge zur Wertproblematik ist, daß Reschers und auch Baiers wie anderer Beiträge in dem interdisziplinären Sammelband Values and the Future zu Fragen der inhaltlichen Wertdiskussion, zur Dynamik der Wertänderung und zur Prognose wahrscheinlicher Wertprioritäten in den nächsten Dekaden wieder von jeglicher analytisch-philosophischen, logischen und wissenschaftstheoretischen Methodik völlig absehen - und methodologisch unkontrolliert nach altüberkommener Weise schriftstellerisch nach Einfall und subjektivem Einteilungsversuch vorgehen. Selbst die interessante Delphi-Befragung über künftige Wertorientierungen blieb methodologisch-wissenschaftstheoretisch "unhinterfragt". Zu den eher praxisnahen drängenden Problemen der Wertungsprobleme ist in der Tat - wie mehrfach erwähnt - vonseiten der Wissenschaftstheorie noch weitgehend Fehlanzeige zu vermelden - soweit es nicht nur um logische Probleme der Konsistenz, Widerspruchsfeststellung oder auch um die Analyse der Mittelunvereinbarkeit geht.

Zum Schluß ist es vielleicht nicht ohne ironisches Interesse zu vermerken, daß Rescher trotz aller Bedenken gegen eine Gleichsetzung der Wertprobleme mit ökonomischen Präferenzen à la Boulding selbst bei einer Kosten-Nutzen-Deutung der Über- oder Unterbewertung von Werten im Rahmen der Idee einer "Wertökonomie des Lebens" landet. Die Kosten einer Wertverwirklichung im Kontext von alternativen Investitionen abzuschätzen, dies scheint ihm die einzige Möglichkeit zu einer rationalen Kritik von Wertvorstellungen selbst zu sein. Unter Verweis auf den potentiellen Nutzen für einen fiktiven Beurteiler, der gar nicht zu existieren braucht, glaubt Rescher, sogar das Problem der intrinsischen Werte erledigen zu können (Wert des Weltalls, ästhetischer Wert eines Sonnen-

unterganges etwa vor der Evolution des Menschen). Soweit unterscheidet sich die Spekulation Reschers hier nicht mehr von R.S. Hartmans zu kritisierender und von Rescher selbst kritisierter essentialistischer These in The Structure of Value, der Wert an sich eines Dinges sei gemessen durch die Zahl der wesentlichen, kennzeichnenden Werteigenschaften oder der Wertdimensionen, in denen es steht. Wiegt der Vorteil der Kosten-Nutzen-Theorie der Werte im Rahmen des Lebensplanes, eines Ideals der Lebensgeschichte eines einzelnen oder einer Gruppe oder Gesellschaft, der Vision eines "guten Lebens" - nämlich die kontextuelle und spezifisch situationale Verschränkung der Bewertung der Werte - diesen spekulativen Exkurs wieder auf?
Der Versuch Reschers, wieder Etikette wie "falsche" und "wahre" Werte neben "authentischen", "veralteten" oder "perversen" jeweils in Relation zur unterstellten Lebensökonomieder Kosten-Nutzen-Abschätzungen einzuführen, macht die inkonsequente Anleihe bei der Ökonomie trotz der interessanten Einzelanalogien nicht "wahrer".

Literatur

Arrow, K.J.: Social Choice and Individual Values. New York 1951, New Haven 1963[2]

Baier, K. - Rescher, N. (Hrsg.): Values and the Future. The Impact of Technological Change on American Values. New York/London 1969

Caws, P.: Science and the Theory of Value. New York 1967

Churchman, C.W.: Prediction and Optimal Decision: Philosophical Issues of the Science of Values. Englewood Cliffs 1961

Frondizi, R.: What is Value? Introduction to Axiology. Lasalle 1963

Hare, R.M.: Practical Inferences. London and Basingstoke 1971

Hartmann, R.S.: The Structure of Value. Carbondale/Illinois 1967

Hempel, C.G.: In: Rational Action. Proceedings and Adresses of the American Philosophical Association. 1962, 35, S. 5-23

Jantsch, E. (Hrsg.): Perspectives of Planning. Paris 1969

Kraft, V.: Die Grundlagen einer wissenschaftlichen Wertlehre. Wien 1937, 2.veränderte Aufl.1951

Kraft, V.: Rationale Moralbegründung Wien 1963

Kraft, V.: Die Grundlagen der Erkenntnis und der Moral. Berlin 1968

Köhler, W.: The Place of Value in a World of Fact. New York 1938

Kutschera, F.v.: Einführung in die Logik der Normen, Werte und Entscheidungen. Freiburg/München 1973

Lenk, H.: Philosophie im technologischen Zeitalter. Stuttgart/Berlin/Köln/Mainz 1971, 1972[2]

Lenk, H. (Hrsg.): Technokratie als Ideologie. Sozialphilosophische Beiträge zu einem politischen Dilemma. Stuttgart u.a. 1973

Lenk, H. (Hrsg.): Normenlogik. Grundfragen der deontischen Logik. Pullach 1974

Lewis, C.I.: An Analysis of Knowledge and Valuation. Lasalle 1946

Loring, L.M.: Two Kinds of Values. New York 1966

Morris, C.W.: Varieties of Human Value. Chicago 1956

Pepper, S.C.: The Sources of Value. Berkeley 1958

Reagan, Ch.E.: Ethics for Scientific Researchers. Springfield 1969

Rescher, N.: Introduction to Value Theory Englewood Cliffs 1969

Sachsse, H.: Technik und Verantwortung. Probleme der Ethik im technischen Zeitalter. Freiburg 1972

Taylor, T.W.: Normative Discourse. New York 1961

Tiselius, A. - Nilsson, S. (Hrsg.): The Place of Value in a World of Facts. Stockholm 1970

Wright, G.H.v.: The Logic of Preference. Edinburgh 1963

Wright, G.H.v.: An Essay in Deontic Logic and the General Theory of Action. Amsterdam 1968

Diskussion

Das Vorgetragene gilt nach Rapp letztlich für eine Erfolgsethik und geht von einem behavioristischen Ansatz aus. Ihm stellt sich die Frage, ob man zu Beobachtung und Erklärung nicht noch die Zusatzannahme machen müsse, daß die "Versuchspersonen" rational handeln. Es könne sich ja beim Zuschreiben von Werten zu bestimmten Handlungen nur um hypothetische Erklärungen handeln unter der Prämisse, daß rational gehandelt wird. Wir kennen das Wertrepertoire eines Handelnden nicht - und diese Kenntnis vorausgesetzt, sei immer noch als Prämisse zu setzen, daß es im untersuchten Fall angewandt wird.

Wenn etwas als Handeln bezeichnet wird, dann nimmt man nach Meinung von Sachsse das Vorliegen einer Anzahl von Beweggründen an. Handlung sei nur dann Handlung und nicht bloß Reaktion, wenn sie Auswahl zwischen Alternativen sei.

Wenn man Handeln versteht als zielgeleitetes oder wertgeleitetes Verhalten, dann wären nach Lenk Handlungserklärungen mit Bezugnahme auf Werte in diesem kritischen Sinn nicht möglich für bloßes Verhalten, das keinen Handlungswert hätte.

Ropohl zeigt, wie schwierig es ist, auf Grund vollzogener Handlungen auf zugrundeliegende Werte schließen zu wollen, wenn man nicht normativ festlegt, welche Werte und Normen jetzt sinnvoll zu setzen sind, sondern deskriptiv untersuchen will, welche Werte oder Normen in dieser Industriegesellschaft gegenwärtig de facto befolgt werden.

Huning wirft die Frage auf, wie man darüber hinaus von der Feststellung aggregierter sozialer Präferenzen zur Konstruktion einer Werteskala kommen könne und ob man nicht die Tatsache zu Hilfe nehmen müsse, daß durch Naturwissenschaften und Technik eine Universalstruktur vorhanden oder im Werden sei, die als Einheitsgrund die Konstruktion von Werteskalen, Wertesystemen und Präferenzordnungen ermögliche.

Dazu stellt Lenk fest, daß bis jetzt zumindest die Möglichkeit, Handlungen durch Rückgriffe auf Wertsysteme zu erklären keineswegs methodologisch abgesichert und differenziert ausgebildet ist. Zumeist gehe es bei solchen Versuchen sehr stark intuitiv zu, etwa in der Geschichtsschreibung oder in der Literaturwissenschaft. - Es sei der Fehlschluß der alten rationalistischen Philosophie, daß man meine, durch logische Argumentation inhaltliches Wissen generieren zu können. Die inhaltlichen Prämissen müsse man durch empirische Arbeit oder durch kühne Entwürfe gewinnen.

Nach Ansicht von Hortleder muß Philosophie mehr leisten als bloß die Lage wiederzuspiegeln, wie es die Theologie zu tun scheine.

Darauf fragt Böckle, ob man philosophisch Möglichkeiten habe, den Prozeß der Analyse individueller Präferenzen vom Individuellen in das Kollektive zu überschreiten, von der Analyse des Faktischen zu allgemeinen Handlungs- und Leitungsregeln aufzusteigen.

Lenk verweist darauf, daß der vorhandene Literaturberg im wesentlichen ökonomisch orientiert ist - Entscheidungstheorie, Operations Research usw. Es gebe auch manches soziologische Material über die Vereinbarkeit oder die Leitungsqualität von individuellem Handeln einerseits mit oder für jedes Gruppenhandeln andererseits, wobei die Frage der Handlungsfähigkeit von Gruppen als solcher ein Problem bleibt. Die wissenschaftstheoretischen Arbeiten haben sich noch nicht genügend ausgewirkt, so daß es in bestimmten Disziplinen noch schwerfalle, überhaupt zu sagen, auf welches Problem genau man eine Antwort sucht. Nur zu oft würden noch Typenurteile für Gesetze gehalten. Das gehe natürlich sofort in die Ethiktheorie ein.

Moser betont, daß Werte sich tatsächlich immer im Kontext des Handelns ergeben. In der Tradition heiße es, formal müsse als Ziel das Bonum selbst gewählt werden, man habe das Bonum in den Bona zu suchen und müsse zwischen Mitteln wählen. Heute aber wüßten wir offensichtlich gar nicht mehr, was das Bonum sei.

Aus dem bisher Erörterten ergibt sich für Buchholz, daß das Verhältnis von Wissenschaftstheorie und Wertphilosophie sein ganzes Schwergewicht in der phänomenologischen Untersuchung der Werte und der Funktionalität der Werte zueinander hat. Immer wieder sei betont worden, daß die Wissenschaftstheorie von sich aus keine Werte schaffen und keine Wertentscheidungen treffen könne. Bei der Suche nach Quellen von Normen habe ihn besonders der Hinweis auf sogenannte genetische Werte hellhörig gemacht. Er frage nun, ob sich durch Wissenschaftstheorie in Beziehung auf Naturwissenschaften Brücken schlagen ließen zu Werten, die aus genetischen Programmierungen, aus Strukturmechanismen von Organismen - etwa des Menschen - herauswachsen.

Nach Lenks Meinung kann man nicht sagen, daß die Wissenschaftstheorie keine Wertentscheidungen trifft. Die Wissenschaftstheorie sei in gewisser Hinsicht durchaus eine normative Theorie etwa über Verfahrensweisen der Wissenschaft. Allerdings habe die Wissenschaftstheorie relativ wenig zu tun mit ethischen oder ästhetischen Werten, höchstens im Zusammenhang mit dem Verhalten von Wissenschaftlern, die ja einer Reihe von Normen folgen müßten, um den Wissenschaftsprozeß kontinuierlich und einigermaßen ehrlich ablaufen zu lassen. Das heiße aber nicht, daß die Wissenschaftstheorie ausgenutzt werden könne zu einer szientokratischen Begründung der Ethik. Man könne damit u. a. auf ein zirkuläres Problem kommen: Weil die wissenschaftlichen Normen schon ethische Grundwerte voraussetzen, kann man nicht ethische Normen

wiederum auf die Normen der Wissenschaft gründen.
Zur Frage genetischer Werte erklärt Lenk, daß es ohne Zweifel so etwas wie genetische Programmierungen gebe, die gewisse Präferenzen bestimmen; es sei klar, daß eine Umgebung von +20° genetisch vom Menschen einer Umgebung von -20° präferiert werde. Beim Menschen trete aber kein Verhalten rein in der genetischen Präformierung auf; es sei immer kulturell geformt. Unbegreiflich erscheine, daß Erfahrungswissenschaftler behaupten wollen, es gebe keine genetisch programmierten Bedürfnisse; genau so falsch aber wäre es, alles als genetisch programmiert zu betrachten, etwa so: wenn manche gern aus einem Randwohnbezirk in die Stadt zur Arbeit fahren und Arbeitsplätze in der Nähe ablehnen, dann sei das ein genetisch programmierter Rest des Nomadentums.

Hillmer warnt davor, Werte vorschnell einfach gleichzusetzen mit Vorzugsurteilen im Sinne von Präferenzrelationen. Das sei der gleiche Irrweg wie das Vorgehen in der psychologischen Persönlichkeitstheorie.

Darauf betont Lenk mit Nachdruck, daß Handlungserklärungen keine absoluten Seinsaussagen machen, sondern gewissermaßen dispositionelle Erklärungen geben.

Holz will das Problem von Handlungserklärungen durch Wertbezüge vertiefen, indem er ausführt, daß sie durch einen Rückblick auf einen Objektbereich spezifisch sein müssen, auf den sie sich beziehen. Nun aber ergibt sich für ihn eigentlich erst das Problem: Denn der Objektbereich, auf den sich der Ingenieur in technischen Wertpräferenzen bezieht, sei ein anderer als der, auf den sich die Betriebsleitung in dem gesamten sozio-ökonomischen Bereich beziehe, so daß hier Wertkonflikte auftauchen. Vielfach würden anscheinend auf unteren Stufen der Präferenzhierarchie rational begründete Entscheidungen gefällt, die aber durch mehr oder weniger irrationale Entscheidungen auf anderen Ebenen in irrationale Rahmen eingefügt würden. Die Frage sei, ob man dann nicht doch auf irgendwelche Letztbegründungen rekurrieren müsse, um entscheiden zu können.

Nach Lenks Auffassung läßt sich die Aggregation von individuellen zu sozialen Präferenzen nicht durch demokratische Mehrheitsentscheidungen in einwandfreier Weise lösen. - Ebenso deutlich scheine zu sein, daß man nicht aus wissenschaftstheoretischen Überlegungen allein inhaltliche Präferenzen setzen könne. Es bedürfe also durchaus einer Norm- oder Wertgebung. Lenk möchte durchaus zustimmen, wenn man Aussichten dafür sieht, daß aufgrund des Zusammenwachsens zu einer Art von Weltgesellschaft im Zuge der Industrialisierung gewisse Minimalnormen in absehbarer Zeit auf internationalen Konsens hoffen können. Es sei bereits jetzt empirisch-soziologisch nachweisbar, daß eine gewisse Angleichung von Werthaltungen entstehe, die immer Grundwerte unterstellen - Selbsterhaltung, Lebensschutz usw. Er glaube, daß man ein gewisses Weltmoralsystem entwerfen könne, wobei gewisse Grundwerte eine Rolle spielen bei der Begründung, die aber keine logische Deduktion sei; als besonders wichtig schätzt er funktionale Überlegungen über Konsequenzen bei Nichteinhalten ein. Es werde sich hierbei aber immer nur um Minimalnormen handeln können. Die Philosophie habe dabei eine Rolle zu spielen, indem sie Modelle sammle und kritisiere unter dem Aspekt, daß nicht abgewichen werde von der abendländischen Grundentscheidung zur Rationalität, zur rationalen Rechtfertigung. Ein gewisser Eklektizismus werde bei der Zusammenstellung eines solchen Minimalkanons von Werten wahrscheinlich unumgänglich sein. Diese Arbeit lasse sich nur in steter Diskussion mit den Erfahrungswissenschaften leisten, wozu ein interdisziplinärer, ja sogar ein international-interkultureller Austausch erforderlich sei.

Thesen zur Wertfrage im Recht

von Erich Fechner, Tübingen

I.

1. Recht als zwischenmenschliche Ordnung ist Notveranstaltung. Angesichts der "ungeselligen Geselligkeit" des Menschen bedarf es zur Aufrechterhaltung der existenznotwendigen Organisation gemeinsamen Daseins und Handelns eines Minimums mit Zwang durchsetzbarer Regeln (Gebote, Verbote, Berechtigungen, Verpflichtungen, Schutz des Einzelnen, Sicherung des Gesamtwohls usf.).

2. Infolge des Zwangscharakters des Rechts (Zwangsvollstreckung, Freiheitsentzug, Todesstrafe) stellt sich unausweichlich die Frage nach der Berechtigung des Rechtszwanges. Diese Frage ist das Grundthema eines zweieinhalbtausendjährigen widerspruchsvollen geistesgeschichtlichen Prozesses innerhalb des abendländischen Kulturkreises von der Antike bis heute.

3. Im Verlaufe dieses Prozesses sind eine

Reihe von (rechtsphilosophischen) Systemen entwickelt worden, die die Frage "nach den Gründen" des Rechts zu beantworten versuchen. Entsprechend dem Wandel der gesellschaftlichen Verhältnisse und der Anschauungen haben verschiedene Systeme vorrangige Anerkennung innerhalb bestimmter Epochen erlangt und das gesellschaftliche Dasein der betreffenden Zeiträume mitgeprägt. Zu einer theoretischen Übereinstimmung zwischen den gegensätzlichen Standpunkten ist es nie gekommen.

4. Die Gegensätzlichkeit beruht auf der Aporie der Seinsfrage: Ist das Sein (letztlich) Kosmos oder Chaos? Wird ersteres bejaht, ist Recht Teilstück einer höheren, für den Menschen verbindlichen Gesamtordnung; wird letzteres angenommen, ist das Recht bloßes Mittel des Überlebens im Kampf um ein letztlich sinnloses Dasein.

5. Die Frage nach dem Recht als Frage nach der Qualität des Seins enthüllt sich damit selbst als Wertfrage. Bejaht man den Kosmoscharakter des Seins, dann nimmt das Recht notwendig teil an einem obersten Wert des Guten, an der Weisheit und Güte Gottes, oder doch wenigstens an einer der Vernunfterkenntnis zugänglichen Rationali-

tät. Im Rahmen solcher Weltbilder findet die Vorstellung einer "Gerechtigkeit" ihren Platz. Der Chaoscharakter des Seins führt zwischen gleichstarken Partnern zum Kompromiß eines für beide beschränkt vorteilhaften, ungewissen Friedens; zwischen ungleichen Beteiligten entscheidet der Stärkere. Die Rechtsfrage wird zur Machtfrage. So werden Gerechtigkeit und Macht zu obersten Richtwerten rechtlichen Verhaltens.

6. Die gegenwärtige theoretische Situation der Frage nach dem Recht zeigt eine vielfältige Variation von Rechtsauffassungen zwischen den beiden gegensätzlichen Polen. Religiös oder rational begründete oder auf der in den 20er Jahren erneuerten materialen Wertphilosophie beruhende Auffassungen halten an einem absoluten Grunde des Rechts fest. Relativistische, naturalistische und formalistische Rechtstheorien lehnen eben solche Auffassungen ab. In den sog. westlichen Demokratien bestimmt der Wertpluralismus auch die offen diskutierte Vielhelligkeit des Rechts. In den sozialistischen Gemeinwesen herrscht ein staatlich verordneter, an der Objektivität des materiellen Weltgrundes orientierter, absoluter Rechtsdogmatismus.

7. In der Rechtspraxis überdecken die praktischen Notwendigkeiten der aufrecht zu erhaltenden Ordnung vielfach die theoretischen Gegensätze. In der gegenwärtigen Welt (wie aber auch weitgehend in der Vergangenheit) wird bei der Gestaltung und Verwirklichung des Rechts die Realität des Machtwertes vielfach hinter dem vorgeschobenen Wert der Gerechtigkeit getarnt. Dabei überwiegt in vielen Fällen die faktische Vorrangigkeit des Machtwertes bis zur zynischen Offenlegung der Machtmittel und Machtziele. Im Westen geht es dabei überwiegend um Gruppenmächtigkeiten, im Osten um die Etablierung und Sicherung einer Klassenherrschaft. Die Realität des Gerechtigkeitswertes erweist sich trotz der tatsächlichen Vorrangigkeit des Machtwertes empirisch u. a. darin, daß es auch Mächtige oft vorziehen, sich auf Gerechtigkeit zu berufen, und darin, daß die Herrschaft über Menschen und deren Führung in einer als gerecht empfundenen Ordnung leichter zu realisieren und zu erhalten ist.

8. Will man Irrtümer und Einseitigkeiten bei der Rechtsbetrachtung meiden, muß man die Gegensätzlichkeit der Grundauffassungen vom Recht im Bewußtsein behalten. Bei-

de Auffassungen nehmen seit alters her für sich die Bezeichnung Naturrecht (von Natur geltendes, natürliches Recht) in Anspruch.

9. Nach Bejahung der einen oder anderen Alternative und entsprechender Verneinung ihres Gegenteils lassen sich jeweils in sich relativ widerspruchsfreie Rechtsordnungen entwicklen. Die eine wie die andere Grundentscheidung ist wissenschaftlich weder beweisbar noch widerlegbar.

Erstes Ergebnis: Das Rechtsphänomen steht selbst unter einer grundsätzlich unlösbaren Wertfrage.

II.

1. Wertfragen spielen auch innerhalb des Rechts eine entscheidende Rolle. Im Recht muß entschieden werden, was verboten, was erlaubt, wer wann wozu berechtigt oder verpflichtet ist, zu wessen Gunsten Interessenkonflikte zu befrieden seien.

2. Die Zahl der im menschlichen Zusammenleben auftretenden Fragen nach dem vorrangigen Wert, die Probleme möglicher Werterkenntnis, die Fälle von Wertkollisionen

sind unübersehbar zahlreich und werden laufend durch neue Komplikationen vermehrt (z. Zt. insbes. durch die von Naturwissenschaft und Technik eröffneten Möglichkeiten der Manipulation des gesamten menschlichen Daseins).

3. Das Recht (hier jetzt konkret: Gesetzgebung, Rechtsprechung und Rechtswissenschaft) scheint von diesen Schwierigkeiten zunächst nicht unmittelbar betroffen. Wertfeststellung, Wertrangordnung und grundsätzliche Wertkonfliktslösungen sind dem Recht in weitem Umfang vorgegeben. Sie beruhen auf Gewohnheiten (insbes. im frühen Recht), auf Mehrheitsentscheidungen umfassender oder privilegierter Gruppen oder auf diktatorischer (Individual- oder Kollektiv-)entscheidung.

4. Absolute oder auch nur allgemein verbindliche Werte und Wertmaßstäbe lassen sich dabei (wissenschaftlich verifiziert) weder deduktiv ableiten noch empirisch aufzeigen. Infolge weitgehender Übereinstimmung in den elementaren Bedürfnissen und Notwendigkeiten aller Menschen und Menschengruppen erscheinen einige elementare Lebenswerte allgemeiner Zustimmung zugänglich (so in der Neuzeit die sog.

Menschenrechte, aber auch die Sehnsucht nach Frieden, Gerechtigkeit, Gesundheit und Sicherheit). Sie erweisen in der Politik einen hohen Werbewert. Sie sind jedoch nicht das, was das Recht gerade am meisten brauchte: Maßstäbe für eindeutige, allgemein gültige, gedanklich zwingende, im Einzelfall sicher zutreffende Regelungen.

5. Verwirklichung von Recht vollzieht sich in Stufen. Verfassung bestimmt die Formen, nach denen Gesetze zu erlassen sind. Gesetzgebung setzt in den, von der Verfassung vorgeschriebenen Formen allgemeine, für eine unbestimmte Vielzahl von praktischen Fällen geltende Normen. Rechtsprechung subsumiert den einzelnen Rechtsfall unter die zuständige Norm und entnimmt dieser die Rechtsfolge. Erst in der Durchführung des Richterspruchs, in dem dem konkreten Einzelfall "sein Recht" wird, wird Recht wirklich.

6. Infolge ihrer Determinierungsfunktion für die nachgeordneten Stufen der Rechtsverwirklichung sind die in der Verfassung getroffenen Wertentscheidungen von besonderer Bedeutung. Sie beruhen auf einem einmaligen, von vielen Faktoren beeinflußten historischen Setzungsakt. Einheit-

liche und allgemein gültige Werte, an denen diese Setzungsakte ausgerichtet sind, lassen sich nicht aufweisen. Bekanntlich lebt ein Teil der gegenwärtigen Menschheit in Rechtsordnungen, die der Einzelperson den Vorrang vor dem Kollektiv einräumen, ein anderer Teil unter der entgegengesetzten Rangordnung. Die Zwiespältigkeit der Auffassungen kann in vielen Bereichen aufgewiesen werden. Ein Teil der Lehrmeinungen hält für Recht alles, was in den Formen der geltenden Verfassung als Recht erlassen worden ist ohne Rücksicht auf den Inhalt. Außerhalb der formal ordnungsgemäß erlassenen Normen gibt es kein Recht. Ein anderer Teil der Auffassungen unterscheidet richtiges und unrichtiges Recht, je nachdem ob es bestimmten, als absolut gültig angesehenen, überpositiven Wertforderungen gerecht wird oder nicht, so daß auch in den verfassungsmäßigen Formen erlassenes Recht Unrecht sein kann.

7. Weitere Schwierigkeiten liegen in der Kompliziertheit der ordnungsbedürftigen Lebenssachverhalte. Schon die Gesetzgebung stellt einen meist äußerst schwierigen Versuch des Ausgleichs verschiedener, einander entgegengesetzter Machtpositionen und Interessen dar (Gesundheit

der Familie einerseits, Recht des ungeborenen Kindes auf Leben andererseits). Die Schwierigkeiten vermehren sich, wenn in der Rechtsprechung der konkrete Einzelfall nach der allgemeinen Norm "gerichtet" werden soll. Verschiedene Umstände: die Ungewißheit der rechtlich relevanten Fakten des zu richtenden Sachverhalts, Unklarheiten der Norm, unter die zu subsumieren ist, Fehlen passender gesetzlicher Bestimmungen (Lücken im Recht), Ungewißheiten der Wertrangordnung erschweren die Urteilsfindung.

8. Die Arbeit der Gesetzgebung und der richterlichen Rechtsfindung wird erleichtert dadurch, daß in beiden Bereichen Wertentscheidungen bereits vorweg getroffen sind. Gesetzgebung ist an Norm und Geist der Verfassung, der Richter an Gesetz und Recht gebunden. In beiden Bereichen können Wertkonflikte auftreten, die entweder in Verfassung oder Gesetz überhaupt nicht vorentschieden sind, oder bei denen die Vorentscheidungen unklar oder mehrdeutig sind. In der Gesetzgebung werden solche Zweifelsfälle oft weniger nach Grundsätzen der Sachvernunft als nach überwiegenden Machtverhältnissen entschieden. Für die Zweifelsfälle der richterlichen Entschei-

dung hat die Rechtsdogmatik eine Reihe von Regeln entwickelt, nach denen der Richter sich um die richtige Entscheidung bemüht.

9. Solche, durchweg wertbezogene Topoi sind der Gleichheitsgrundsatz; die Natur der Sache; die Verhältnismäßigkeit der Mittel und Zwecke; die Praktikabilität der Lösungen; die Verhältnisse, wie sie sich inzwischen entwickelt haben; Treu und Glauben, die guten Sitten, die Verkehrssitten; die in der Rechtsgemeinschaft herrschenden Wertvorstellungen, die Ansicht aller billig und gerecht Denkenden, die ästhetischen Vorstellungen des Durchschnittsmenschen; die Billigkeit, Tradition, Geist der Rechtsordnung. Kennzeichnend für die Situation ist Art. 1 des Schweizerischen Civilgesetzbuches von 1907: "kann dem Gesetz keine Vorschrift entnommen werden, so soll der Richter nach Gewohnheitsrecht, und wo ein solches fehlt, nach der Regel entscheiden, die er als Gesetzgeber aufstellen würde. Er folgt dabei bewährter Lehre und Überlieferung."

10. Die Frage nach dem, was Recht eigentlich ist, und die Frage seines Funktionierens, d. h. die Frage nach der Rechtsfindung sind in hohem Maße wertrelevant.

Gleiches gilt für die Frage nach dem Zweck des Rechts d. h. die Frage nach den vom Recht in der Gesellschaft insgesamt zu erfüllenden Aufgaben. Die vom Recht zu realisierenden und zu schützenden Werte sind vornehmlich Gerechtigkeit und Frieden. Sie differieren nach Werthöhe und Wertstärke. Hinzu treten weitere Werte, deren Bedeutung verschieden beurteilt wird: Freiheit als oberster, auf die "Würde der Person" ausgerichteter Richtwert (in dubio pro libertate) oder als Resultat eines Befreiungsvorganges des Individuums von sich selbst durch Integration ins Kollektiv; Rechtssicherheit als Voraussehbarkeit von Rechtsfolgen für den Einzelnen (pacta sunt servanda, nulla poena sine lege) oder Schutz des Kollektivs (insbes. auch Sicherung der Planerfüllung). Einerseits ergänzen diese Werte und fordern einander: keine Gerechtigkeit ohne Frieden, kein dauerhafter Friede ohne Gerechtigkeit; keine sichere Freiheit außerhalb des Rechts. Andererseits kollidieren sie auch und mindern einander: Rechtssicherheit besteht oft auf Kosten von Gerechtigkeit (besonders deutlich im Institut der Rechtskraftwirkung von Urteilen letzter Instanz); materiale Gerechtigkeit wird eingeschränkt durch Freiheit und umgekehrt (deutlich beim Vergleich liberaler und sozialistischer Gemeinwesen). - Die Relativierung der Werte als einer gesellschaftlichen Faktizität hat ihre Ursache in den harten Notwendigkeiten des Lebens, letztlich im Sinne eines Kampfes ums Dasein (ein den bekannten biologischen Prozessen analoger Anpassungsvorgang).

<u>Zweites Ergebnis:</u> Bei der Rechtsentstehung und bei der Rechtsverwirklichung (Gesetzgebung und Rechtssprechung) geht es um wertorientierte Entscheidungen. Ohne sie ist Recht nicht denkbar. In den meisten Fällen reichen vorgegebene Wertentscheidungen und dem Rechtspraktiker vertraute Hilfsmittel aus, um zu gesicherten gesetzlichen Regelungen und Urteilen im Einzelfall zu gelangen. Diese finden (vom Verlierer abgesehen) durchweg mehrheitliche Zustimmung der Rechtsgemeinschaft, insbes. des für diese Fragen zuständigen Juristenstandes. Nirgends aber gibt es zweifelsfreie, ausnahmslos und absolut gültige Wertgrundsätze, deren gedanklich zwingende Anwendung unangreifbar richtige Entscheidungen garantieren.

III.

1. Rechtsgeschichte und Rechtsgegenwart bieten eine unübersehbare Fülle empirischer Belege für die vorausgehenden Feststellungen. Bei der Karlsruher Besprechung am 4. Mai 1974 wurde das in vielfacher Hinsicht aufschlußreiche Urteil des Bundesverfassungsgerichtes vom 29. Mai 1973 betr. das Vorschaltgesetz zum Niedersächsischen Gesamthochschulgesetz erörtert. Es veranschaulicht die Aktualität von Wertfragen in der Rechtspraxis und den Wandel von Wertauffassungen in der Gesellschaft (Deutsche Universität im 19. Jahrh. als "absichtslose Gemeinschaft von Lehrenden und Lernenden ..." und die Universität heute unter den Anforderungen der "technologisch organisierten Industriegesellschaft" und der Massenhaftigkeit ihres personellen Bestandes). Es befaßt sich mit der Revolte gegen "etablierte Wertmaßstäbe autoritärer Gesellschaftssysteme und überholter Herrschaftsstrukturen" und orientiert sich an der vorgegebenen Entscheidung des Art. 5 Abs. 3 Satz 1 des Grundgesetzes: "Kunst und Wissenschaft, Forschung und Lehre sind frei." In der verfassungsrechtlichen Grundentscheidung verkörpert sich eine "objektive (nicht absolute) Wertord-

nung, die für alle Bereiche des (dieser Verfassung nachgeordneten) Rechts gilt" (Klammern von mir). Die verfassungsrechtliche Wertentscheidung wird interpretiert nicht nur als "Absage an staatliche Eingriffe" (status negativus) sondern als Verpflichtung des Staates, Wissenschaft und Forschung positiv zu fördern und zwar im Hinblick auf die veränderten tatsächlichen Verhältnisse mit finanziellen Mitteln, weil der Natur der Sache nach Wissenschaft nicht mehr ohne umfänglichen Apparat betrieben werden kann. Beim Mitbestimmungsrecht der verschiedenen Personengruppen an der Gestaltung und Verwaltung der Hochschulen insbes. hinsichtl. der Aufgaben von Wissenschaft, Forschung und Lehre ist der Gleichheitsgrundsatz zu beachten, der nicht nur fordert, Gleiches gleich sondern auch Ungleiches ungleich zu behandeln, woraus das Gericht mehrheitlich folgert, daß bei bestimmten Fragen die ordentlichen Lehrer ein eindeutiges Übergewicht haben müssen. Schließlich wird auch der Gesichtspunkt der Praktikabilität der Hochschulordnung in die Betrachtung einbezogen. Dennoch führt diese Argumentation nicht etwa zu einer übereinstimmenden Meinung. Zwei Mitglieder des Hohen Gerichts folgen der Mehrheit nicht, sondern begründen in einem

Sondervotum eine abweichende Auffassung, wobei u. a. auch interessenmäßige und machtpolitische Argumente eine Rolle spielen.

2. Um perspektivische Verzerrungen des Gesamtaspektes zu vermeiden, muß noch auf folgendes hingewiesen werden: Die Wertfragen im Recht sind durch Überlieferung, Verfassungsnorm und Gesetz für die Rechtspraxis weitgehend vorentschieden. Zweifel und Widersprüche tauchen vorwiegend in Umbruchszeiten auf. Wertwandel (auch) im Recht beruht dabei teils auf tieferer Einsicht in Sachverhalte, z. B. des Sexuallebens, teils auf veränderten Anschauungen innerhalb der Gesellschaft, die ihrerseits wieder auf verschiedenen Ursachen beruhen. Sie werden aber auch ideologisch, propagandistisch und manipulativ beeinflußt. Längere konservierende Zeiten wechseln mit kürzeren Zeiten des Wandels. Die Funktion des Rechts ist dabei nicht nur (wie gegenwärtig in der westlichen Welt) bewahrend; sie kann wie im Osten auch zum willentlich eingesetzten Instrument der Veränderung werden.

3. Nur ein sehr geringer Teil der einzelnen Rechtsvorgänge in der Gesellschaft

kommen vor die Gerichte. Wieviel Kaufverträge werden täglich geschlossen, wieviel davon führen zu einem Prozeß? Die Dunkelziffer bei der strafbaren Abtreibung wird auf 1:100 000 geschätzt. Von den wenigen gerichtlich zu entscheidenden Fällen enthält wieder nur ein geringer Teil einen Wertkonflikt, der den Richter vor die Notwendigkeit einer eigenen Entscheidung stellt. Auch für diesen Fall (in dem die Vorentscheidungen versagen), gibt es Hilfen, die dem Richter die Entscheidung abnehmen oder erleichtern.

4. Die Funktion der Rechtsprechung besteht, wie schon gesagt, weitgehend in der Unterordnung einzelner praktischer (strittiger) Rechtsfälle unter allgemeine Rechtsnormen. Dabei hat der Richter die von der Rechtsnorm geforderten Bedingungen zur Anwendung der Rechtsfolge (d. h. das Gegebensein der Tatbestandsmerkmale der Norm im praktischen Einzelfall) zu prüfen, darunter auch das Vorliegen der für die Anwendung der Norm geforderten Wertungen, z. B. Sittenwidrigkeit, niedere Beweggründe u. ä. Bei dieser Tätigkeit handelt es sich um Vergleich und Identifikation von Wertvollzügen im praktischen Handeln mit den Wertforderungen der Norm, nicht

dagegen um Konstituierung von Werten und um Entscheidung von Wertkonflikten. Wertkonstitution und Wertkonfliktslösung bleibt relativ seltener Ausnahmefall, der vom Richter als zusätzliche Belastung empfunden wird. Es handelt sich um Rechtsfortbildung, die nach dem Grundsatz der Gewaltenteilung normalerweise zur Zuständigkeit der Gesetzgebung gehört. Rechtswissenschaft befaßt sich mit der Lösung dieser Frage grundsätzlich nicht. Sie fällt in die Zuständigkeit einer kritisch rational gereinigten Rechtsphilosophie.

Drittes Ergebnis: Zur Klärung der Wertfrage im Recht bedarf es einer systematisch und methodisch ausgebauten Wertlehre. Die Jurisprudenz gibt die Frage an den Werttheoretiker zurück. Die Widersprüchigkeit der Problemsituation wird hier in einem dritten Aspekt sichtbar.

Diskussion

Helberg (K.) stellt fest, daß sich bei jeder Rechtsprechung ein Prozeß der Konkretisierung vollzieht, in dem allgemeine Normen auf einen bestimmten Fall angewandt werden. Die Herkunft dieser allgemeinen Normen aber sei genauer zu untersuchen, wobei mit N. Luhmann zu fragen sei, ob die "Legitimation durch Verfahren" ausreiche, denn auch hier sei zu klären, ob nicht Verfahrenswerte unbefragt angenommen würden; außerdem sei der Wert der Verfahren von anderen Wertpositionen aus zu beurteilen. Der Standpunkt des Rechtspositivismus biete auch gegenüber der materialen Wertethik einige unbestrittene Vorteile; auch er gehe schließlich von einem Minimalkonsens aus.

Anknüpfend an die Urteile über die Freiheit der Forschung und die Mitbestimmung verschiedener Gruppen in Forschungsinstitutionen fordert Holz die Berücksichtigung des Kontextes, in dem die Sache der Freiheit wie jede andere Sache stehe. Dieser Kontext bringe den Pluralismus der Gesichtspunkte gegenüber einseitig ausgelegtem "Sachzwang" zum Tragen.

Fechner sieht die Berücksichtigung des Kontextes u.a. dadurch gewährleistet, daß bei Gerichtsentscheidungen immer auch frühere Urteile einbezogen würden. Außerdem sei zu bedenken, daß in der Rechtsprechung der Gerechtigkeitswert trotz seines hohen Ranges eher sekundär sei; Vorrang habe die positive Ordnungsfunktion. Ordnung sei ein elementares Lebensbedürfnis und damit ein starker Wert, an den die Rechtsordnung aus der Notwendigkeit des Überlebens mehr gebunden sei als an die höheren Werte. Fechner verweist hierzu auf die Unterscheidung von Wertstärke und Werthöhe bei N. Hartmann. Wenn es im Fall der Wissenschaft nur auf ihr eigenes Gedeihen ankomme, dann sei zu fragen, ob Freiheit tatsächlich nötig sei; es ließen sich unschwer Beispiele auch aus der Gegenwart vorbringen, in denen deutlich werde, daß auch in Unfreiheit Wissenschaft sehr wohl gedeihe.

Auf Mosers Einwand, daß es vielleicht auch die historische Notwendigkeit von Zeiten der Unordnung gebe, erklärt Fechner entschieden als seine Überzeugung, daß es Zeiten der Unordnung nicht geben müsse; sie seien vielmehr eindeutig Zeichen von Schwächen in der Gesellschaft.

Buchholz führt die Diskussion auf die Frage nach den Fundamentalwerten zurück, die keiner Veränderung unterliegen sollen. Man müsse die Wertproblematik in Beziehung zur Geschichtsphilosophie setzen und damit in Beziehung zu einer materiell sich wandelnden Welt, in der sich infolgedessen auch der Überbau und damit die sozialen Ordnungsmechanismen ändern. Die marxistische Geschichtsphilosophie gehe davon aus, daß der rationale Wandlungsprozeß einmal zu einer Ordnung führt, die ihre Entsprechung hat in der Rationalität einer Gesellschaftsordnung, die schon jetzt im Vorgriff auf die Zukunft ihre Normen finden müsse und so den Wertrelativismus überwinde.

Fechner zeigt auf, wie die Wertentscheidungen in der Rechtsordnung zwischen den beiden Extremen einer Ableitung aus unveränderlichen Normen einerseits und bloßer Beliebigkeit andererseits liegen. Auf eine Zusatzfrage von Rapp erklärt er, daß es in der Rechtsphilosophie kaum Vertreter eines wirklichen Wertabsolutismus gebe: Wenn dieser nicht bewiesen oder nicht beweisbar sei, dann sei damit seine Behauptung aber noch nicht widerlegt. Gerade die mangelnde Beweisbarkeit, die ja auch für die Überzeugung von der Existenz eines Gottes und von der Unsterblichkeit der Seele gelte, schenke uns die große Chance der Freiheit, die für ihn einen primären Wert bedeute. Der Intellektuelle habe vor allem die Pflicht, Freiheit zu wahren und gegen jede Bedrohung insbesondere durch Machtmißbrauch zu schützen; daher falle es dem Intellektuellen gleichsam schicksalhaft zu, jeweils der Opposition zuzugehören.

Holz greift die Problematik der Antizipation von Werten auf, die für ihn als Gegenwartsgestaltung nur unter der Kategorie der Möglichkeit denkbar ist. Gerade in diesem Bereich seien jedoch noch metaphysische oder ontologische Vorfragen zu klären, die sich etwa der Sowjetmarxismus zum größten Teil noch gar nicht gestellt habe. Er stellt die These auf, daß der Marxismus ohne einen ontologischen Ansatz seine Wertphilosophie nicht rechtfertigen könne.

Auf die Frage von Huning, wie man sich Verfahren zur Konkretisierung der im Fundamentalkonsens angenommenen inhaltlich noch weitgehend unbestimmten Grundwerte zu denken habe, weist Fechner zunächst auf Konkretisierungen im Engagement hin, da sich Menschen nur durch einen - vielleicht zunehmend rationalisierten - Glauben in Bewegung setzen lassen. Weltgeschichte - auch im Bereich des Ethischen - werde nur durch Glauben gemacht. Einer Gesellschaft, die eine Überzeugung hat, bleiben größere Überlebenschancen als einer Gesellschaft von Zweiflern und Skeptikern; dieses Wissen dürfe aber den Intellektuellen nicht von emotionsfreier Wahrheitssuche entbinden.

Auf den Einwand von Holz, diese Position bedeute doch eine ungeheure Entsagung gegenüber den Möglichkeiten wissenschaftlicher Rationalität, erklärt Fechner, daß eben diese Rationalität unentbehrlich sei, besonders für Führungseliten, daß sie aber nicht ausreiche.

Hortleder wirft die Frage auf, ob Recht nur die Funktion der Erhaltung von Ordnung, nicht aber auch die Aufgabe der Veränderung habe. Das gibt Fechner zu für den Fall, daß Herrschaft noch nicht voll etabliert ist - er sieht aber auch die Problematik darin, daß das Recht hier ebenfalls noch nicht voll durchgesetzt sei, sondern sich erst im Prozeß der Festigung befindet. Wenn man die Rechtsprechung statt auf die Erfahrung der Vergangenheit auf die Zukunftsorientierung durch Gegenwartsveränderung festlege, dann würde jeder Richter, der doch an Recht und Gesetz gebunden sei, zum bestellten Rechtsbrecher.

Berkemann verweist darauf, daß man dieses Prinzip in der Vergangenheit oft überzogen habe und die Rechtsentscheidungen dadurch gelegentlich zu retardierenden Momenten geworden seien. Die Anpassung von Normen an die Gegenwartsrealität müsse immer auch deren Zukunftsorientierung bedenken. Zudem sei das Verhältnis von politisch-demokratischer und juristischer Entscheidung über Präferenzen zu diskutieren. Es sei zu prüfen, ob und wann eine richterliche Entscheidung etwa parlamentarische Beschlüsse aufheben könne, ohne dabei an Grundrechte gesellschaftlicher Selbstbestimmung zu rühren.

Fechner erklärt, daß Rechtsordnungen durchaus geändert werden können, langsamer oder schneller; ist aber eine Rechtsordnung entweder durch eine erfolgreiche Revolution oder durch die Anerkennung der Beteiligten geändert, dann ändern sich damit die Wertpräferenzen; damit sind die faktischen Voraussetzungen, von denen Rechtsprechung auszugehen hat, andere geworden. Die Auseinandersetzung mit der gegebenen Situation werde oft bis an die Grenzen des rational Möglichen vorgeschoben.

Ropohl versucht abschließend eine Zusammenfassung der Diskussion im Blick auf die weitere Arbeit. Er erklärt, daß deutlich zu sein scheine, daß wir, wenn wir einen Minimalkonsens bei der gemeinsamen Arbeit voraussetzen wollen, sicherlich von keinem irgendwie gearteten Wertabsolutismus ausgehen können. Andererseits sei festgestellt, daß wir nur schwer praktikable Werttafeln, Wertpräferenzen usw. aufzeigen können. Es habe vielleicht die Hoffnung bestanden, Moralphilosophie oder Rechtsphilosophie könnten derartige Hilfen geben oder man könnte wenigstens einen Minimalkanon von Werten angeben. Es sei jedoch nur zu sehr deutlich geworden, daß auch hier alles sehr schwankend, sehr unklar und sehr unscharf im Hin und Her der Abwägungen und Akzentsetzungen sei. Die Feststellung der Kriterien, der Entscheidungsprämissen, nach denen in Zukunft bei sozio-technischen Problemen vorzugehen wäre, habe sich als sehr verwickelter und dynamischer Prozeß erwiesen. Wir könnten vorläufig nichts anderes tun, als einige Faktoren namhaft zu machen, die in diesem Prozeß eine Rolle spielen, und diese in Zukunft genauer zu analysieren. Die Diskussion habe aber eine Reihe von wichtigen Hinweisen gegeben für die Faktoren in Vergangenheit, Gegenwart und Zukunft: in der Vergangenheit insbesondere gewisse genetisch-anthropologische oder stammesgeschichtliche Vorgaben und in gewisser Weise auch sozio-kulturelle Entwicklungslinien des historischen Prozesses, geltende Werte, Wertentwicklungen, hinter die man nicht mehr zurückgehen könne; in der Gegenwart die erfahrungswissenschaftlichen Grenzen menschlicher Möglichkeiten, so wie sie heute in den empirischen Humanwissenschaften entwickelt werden könnten und dazu herrschende Machtverhältnisse und Interessenlagen im wirtschaftlichen Bereich einerseits und im technischen Bereich herrschende Sachverhältnisse andererseits, die auch Wertentwicklungen mitbestimmen können; schließlich - und das sollte ohne ideologische Verfestigung ganz von selbst ein wichtiger Faktor der Wertbestimmung sein - die Antizipation notwendiger bzw. wünschbarer Zukünfte und daraus abgeleitet die Frage, welche Normen und Werte sinnvollerweise gelten sollten im Hinblick auf diese Zukünfte.

Teilnehmerverzeichnis

Berkemann, J.	Dr. iur. utr., Richter, Lehrbeauftragter an der Universität Karlsruhe
Böckle, F.	Prof. Dr., Universität Bonn
Bossel, H.	Dr., Institut für Systemtechnik und Innovationsforschung, Karlsruhe
Buchholz, A.	Dr., Bundesinstitut für ostwissenschaftliche und internationale Studien, Köln
Fechner, E.	Prof. Dr. Dr., Tübingen
Helberg, W.	Min.-Dir. a.D., Dr.-Ing.E.h., Hamburg
Helberg, K.	Dr., Universität Göttingen
Hillmer, H.	Ing., M.A., Verein Deutscher Ingenieure, Düsseldorf
Holz, H. H.	Prof. Dr., Universität Marburg
Hortleder, G.	Dr., TU Berlin
Huning, A.	Prof. Dr., PH Rheinland, Abt. Neuß
Kortzfleisch, G. v.	Prof. Dr., Universität Mannheim
Lenk, H.	Prof. Dr., Universität Karlsruhe
Moser, S.	Prof. Dr., Universität Karlsruhe
Niederwemmer, U.	Dr., Universität Karlsruhe
Pfeiffer, W.	Prof. Dr., Universität Erlangen-Nürnberg

Rapp, F.	Dr., Privatdozent TU Berlin
Ropohl, G.	Dr.-Ing., Universität Karlsruhe
Sachsse, H.	Prof. Dr., Universität Mainz
Schlösser, F.-J.	Dr.-Ing., Verein Deutscher Ingenieure, Düsseldorf
Spiegel, H.-R.	Dr., Verein Deutscher Ingenieure, Düsseldorf
Zahn, E.	Dr., Dipl.-Kaufmann, Universität Mannheim